马大可 著

锦绣年华

古风短视频
策划、拍摄与后期制作
全流程精解

人民邮电出版社

北 京

图书在版编目（CIP）数据

锦绣年华：古风短视频策划、拍摄与后期制作全流程精解 / 马大可著. -- 北京：人民邮电出版社，2023.11
ISBN 978-7-115-62670-7

Ⅰ．①锦… Ⅱ．①马… Ⅲ．①视频制作②摄影技术③视频编辑软件 Ⅳ．①TN948.4②TB8③TP317.53

中国国家版本馆CIP数据核字(2023)第191907号

内 容 提 要

本书是一本系统化讲解古风短视频创作全流程的教程。全书共 7 章，按照影视作品的创作规律，从前期、中期、后期这 3 个阶段分别对古风短视频的创作方法进行讲解，主要内容包括但不限于古风短视频的脚本策划、现场拍摄、布光布景、演员调度、后期剪辑、调色美颜等。另外，结合行业发展现状，本书向读者介绍了古风短视频的类型和特征，对古风短视频拍摄中涉及的服装、化妆、造型、场景、道具等知识也做了相应普及。

本书具有一定的专业性，结合理论知识，向读者深入浅出地讲解短视频拍摄和后期制作的相关技能。本书提供了一些案例的配套练习素材，方便读者理解和掌握古风短视频创作中的一些规律和技法。

本书适合具有一定拍摄经验的摄影师、导演、策划等从业者使用，也适合影视、摄影、编导等相关专业的在校学生，以及古风短视频爱好者使用。

- ◆ 著　　　　马大可
　责任编辑　张　贞
　责任印制　陈　犇
- ◆ 人民邮电出版社出版发行　　北京市丰台区成寿寺路 11 号
　邮编　100164　　电子邮件　315@ptpress.com.cn
　网址　https://www.ptpress.com.cn
　天津市豪迈印务有限公司印刷
- ◆ 开本：690×970　1/16
　印张：18　　　　　　　　　　2023 年 11 月第 1 版
　字数：405 千字　　　　　　　2023 年 11 月天津第 1 次印刷

定价：118.00 元
读者服务热线：(010)81055296　印装质量热线：(010)81055316
反盗版热线：(010)81055315
广告经营许可证：京东市监广登字 20170147 号

序

接到大可的邀请，为他的新书写序，很开心。为学生的书写序，应该是当老师的最幸福的时刻之一吧。

从本科到硕士，和大可有七年的师生之缘，之后在工作中也有合作，见证了他从一个学习勤奋、专业成绩优异的"学霸"慢慢成长为一个颇有成就的短视频内容生产者的过程，当然也了解了作为一个内容创业者的坎坷和艰辛。当他决定从国内一家行业头部的影视公司辞职、自己创业的时候，我还是有些不理解的，因为从当时的环境看，要想从海量的UGC内容中脱颖而出且还能盈利，难度很大。但是我低估了他的决心和专业能力，特别是他找到古风短视频这个方向并发力深耕之后，优势逐渐凸显。由于对策划、编剧、拍摄、后期的全流程都有非常强的掌控能力，加之视觉风格上细腻、清新、唯美的追求，他的作品呈现出独特的魅力。

古风视频的拍摄是有门槛的。相较于其他类型的视频，古风视频在化妆、服饰、场景、用光等方面的要求都很高，正是这种高要求使其能够在激烈的短视频市场竞争中辟出一条蓝海赛道；同时，这类视频蕴含的传统文化意义又是对短视频为人诟病的"速食文化"的反驳，为短视频内容产业的健康可持续发展提供了一个方向。

这本书从体系上对古风短视频制作的全流程进行了详尽的介绍，从前期的各种人力、物力准备，到拍摄时的场景选择、服化道、造型、用光等，以及后期的种种处理方法，辅以大量的图例和完整的实操案例。目前市场上还没有如此系统全面的古风短视频创作手册，对于想进行这类视频创作的初学者来说真的是一本非常实用的工具书。同时，书中还时时不忘对传统文化做一些普及，如在介绍"古风头饰与配饰"时，对古代饰物的样式、用途、来历一一道来，让人知其然、更知其所以然。技术、艺术、文化在这本书里浑然一体了。

大可要出书，为他开心；看完书稿，为他喝彩。"青出于蓝而胜于蓝"，学生如此，不亦乐乎！

卢晓云

南京理工大学宣传部副部长
设计艺术与传媒学院副教授
2023年4月于南京

前言

　　作为一名身兼策划、导演、摄影、剪辑等多重身份的短视频内容创作者，我开始回想，当初为何会选择从事古风视频创作？

　　也许是跟专业有关。我本科是广播电视学专业，硕士学的是传播学。在校期间我就喜欢拍视频，研究各种拍摄器材。我喜欢各种画面好看、构图精致的影视剧、广告、音乐视频等影像作品，于是自己尝试拍摄各种类型的短片。

　　也许是跟职业发展有关。毕业后我进入影视公司，做影视剧策划和制片工作，参与了一些影视剧的制作流程。但是我渐渐发现，工业化的影视剧制作流程并不能让我充分发挥自己的创意，我想要更大的自由度，也更执着于自己喜爱的镜头语言。于是，我萌生出拍摄属于自己的作品的想法。

　　也许跟兴趣爱好有关。小时候看古装剧里的衣袂飘飘、武侠小说里的快意恩仇、历史书上引人入胜的传统故事、古典诗词里的悠远意境……这些让我喜欢和热爱的东西，也许很早就为我埋下了创作的种子……

　　于是，在2018年的夏天，我辞去了工作，购置了新相机，正式开启了我的古风短视频创作之旅。

　　然而，自由创作的快乐，很快就被颗粒无收的焦虑打败。在我"裸辞"后的半年内，古风短视频的拍摄没有给我带来一分钱的收益，每一次拍摄都在"吃老本"。现实是残酷的，为了让自己活下去，也为了坚持我喜欢的古风短视频创作，我不得不想尽各种办法来"开源"。我开始学习自媒体运营，积极与粉丝互动，并且会认真分析每一条评论，然后将这些反馈应用到下一次的创作中；我也开始积极参与各种线下的汉服、古风类活动，结识了很多圈子里的朋友，比如妆娘、摄影师、模特、汉服商家等，为后面的创作不断积累资源；我报名各种与古风摄影、视频制作相关的课程，购买了大量专业图书，不断提升自己的技术水平；在"节衣缩食"的情况下，我坚持添置新的拍摄器材和设备，不断提升视频的拍摄质量……

　　终于，我拍摄的古风视频在社交媒体平台上迎来了第一期"暴涨"，看到同时有1000多人在线观看我的作品，那种激动和兴奋我至今记忆犹新。随之而来的是我的第一笔收益：一个汉服商家找到我，要我为他们即将上线的新品拍摄一期宣传视频。在社交媒体平台上的积极运作也让我接到了一些商业广告单子，我开始在古风视频中植入产品，帮助商家宣传推广；我也开始建立自己的工作室，开始系列化地创作古风短视频的内容，开始接触古风客片拍摄、商业广告定制等项目……在这期间，有成功的案例，也有失败的尝试；有"涨粉"，也有吐槽。但是我始终乐在其中。

　　我在自学古风短视频创作的过程中发现，现在市面上关于古风平面摄影的教程有很多，但是还没有一套系统的教程去讲解古风短视频的创作。而短视频创作其实是影视创作的一个类型，视频拍摄技能和平面摄影技能是交集关系，两者存在共同点，也存在差异。对于很多喜爱古风短视频的人来说，古风平面摄影类的教程并不能满足他们快速系统化学习的需求。在这几年的创作间隙，我也陆续编写过一些关于古风短视频后期剪辑、调色和美颜的教程，但均为碎片化的技能分享，并未形成体系。因此，这本书的写作就有了一个充足的理由。

　　本书的撰写顺序基于影视类作品的创作规律，即以前期策划—中期拍摄—后期剪辑的系统化创作流程进行。而书中介绍的视频类型是目前网络上较为常见的"短视频"类型，其具备短平快的内容结构、轻量化的创作流程、较低的入门门槛等特点。因此，无论是具有一定拍摄经验的摄影师、导演、编剧，还是相关行业的从业者、相关专业的在校学生等，都可以成为本书的受众。另外，"古风"是一种特殊的视频内容形态，因此本书的受众也具有"爱好者"属性。除了视频拍摄技法以外，本书也会紧紧围绕古风这一类型，向读者普及古风造型、服装、化妆、道具、场景等基础知识。另外需要注意的是，本书与市面上专注于汉服拍摄的教程不同，本书所讲述的古风短视频并非只能穿着汉服进行拍摄，其内容范畴相对于汉服拍摄更为广泛。

　　本书中的所有拍摄案例均是我本人参与、切身体会的真实拍摄案例，书中提供了大量拍摄现场图、灯位图、后期剪辑流程图等，以帮助读者理解相关内容。

　　最后，我想告诉读者的是，虽然这本书主要着墨于古风短视频的创作技法，但是如果你想把爱好变成职业，那这本书只能帮你打开职业技能的大门。除此以外，你还需要考虑视频创作本身以外的所有内容，比如如何运营社交媒体，如何从视频创作中赚取收益，例如打造个人品牌，等等。当然，你也可以只当一个纯粹的爱好者，只是想来古风的世界一探究竟。无论你是何种身份，相信只要你喜欢古风、热爱古风，你都可以从这本书中有所收获。

　　本书附赠部分案例的视频素材及相关的调色预设文件，扫描右侧二维码，添加企业微信，回复"62670"，即可获取资源下载链接。

目 录

第4章　古风视频的用光

第5章　古风视频中的场景与服化道

第 1 章

古风短视频初识

什么是古风短视频？唯美的汉服、精致的造型、古色古香的场景和道具……这些外在的元素容易让人一眼分辨，但是古风短视频与其他类型短视频的最大不同，却是其内在营造出的古典意境。

1.1 古风短视频的类型

不知从何时起，我们经常会在网络上看到这种类型的短视频：视频中的人物身着精美的汉服，穿行在古朴的场景中，演绎着古代的故事……一开始，我们或许只是因为感到新奇而将目光停留在这些短视频上，但我们渐渐能发现，这类短视频拥有数量庞大的受众，甚至带动了例如汉服、旅游、摄影、游戏等相关产业的发展。我们将这类短视频统称为古风短视频。

何谓古风短视频

到底什么样的短视频才算是古风短视频，至今无人对此下过定论。在这个领域中，国风、中国风等词也常被提及。"古风""国风""中国风"这三者是近义词，有微妙的区别，其中古风的范畴相对比较宽泛，可以泛指一切带有中国古典元素的风格，具体表现形式有音乐、摄影、绘画、小说、视频等。笔者认为"古风""国风""中国风"具有如下区别。

● **古风：**以中国传统文化为基础，相对注重历史依据；内容形式多样，但表现形式上更加古典、唯美，追求意境与氛围。

● **国风：**只要跟中国元素相关的风格都可以称为国风，其表现形式更加大气、恢宏，可以融合更多的现代元素，表现形式不拘一格。

● **中国风：**源于流行音乐领域，通常采用流行的艺术表现形式，因此更加通俗易懂，比如中国风音乐虽然采用流行音乐的编曲方式，但是会加入中国传统乐器元素，采用相对古典的歌词写作方式。

古风短视频是以中国传统文化为基础，参考相关历史依据，在画面上追求唯美、在意境上追求古典氛围的一种短视频形式。古风短视频的时长一般在5分钟以内，在类型上可大致划分为古风音乐视频与古风剧情片两大类。

古风音乐视频

古风音乐视频一般不把剧情的呈现作为首要目的，但是不排斥有剧情。古风音乐视频一般更加注重画面构图、色彩氛围、人物造型等视觉语言，简而言之，古风音乐视频的首要目的是表现画面美感。很多从事汉服摄影的平面摄影师转行到古风短视频领域，由于本身就掌握一定的摄影知识，而且对古风类型的拍摄有一定经验，因此能够比较容易拍出画面精致的古风音乐视频。

古风音乐视频按照时长又可以细分为以下类型。

● **完整版古风音乐视频：**带不带剧情都可以，时长为3~5分钟，一般不止一个场景，视频中的人物也不止一个造型，以保证观众不会轻易产生视觉疲劳。

● **汉服秀：**以展示汉服为目的，汉服商家和汉服博主会采用这样的形式来呈现汉服，一般只有一个造型、一个场景，时长一般不超过40秒。

● **古风变装视频：**抖音等短视频平台上特有的一种古风短视频类型，强调前后的造型对比反差，不要求具有复杂的剧情，但是要有一定的人物设定，时长相对更短，一般不超过20秒。

古风剧情片

在短视频时代，观众注意力集中的时间越来越短，包含古风短视频在内的各种短视频必须在极短的时间内吸引观众。因此，在剧作结构上，古风剧情片通常会舍弃剧情前的铺垫，砍掉剧情中的开端到发展阶段，直接呈现矛盾最激烈的高潮阶段。

发展至今，古风剧情片主要有以下几种类型。

● **古风微电影。**相对于传统微电影20~30分钟的时长，古风微电影的时长一般为3~5分钟。古风微电影通常剧作结构相对完整，会包含必要的情节铺垫，一般故事中不止一个人物角色，会根据剧情需要设计多个造型、多个场景，拍摄难度和制作成本都相对较高。

● **古风剧情段子。**古风剧情段子主要活跃在抖音、快手等短视频平台上，时长一般不超过1分钟，通常为20~30秒的快节奏短视频。因为时长较短，古风剧情段子通常只有一个场景、1~2个核心人物。创作者会设置较为激烈的矛盾冲突来留住观众，比如受伤、争吵、争执、生离死别……不过，因为观众对于这种段子的套路已经烂熟于心，所以其容易落入俗套。

● **古风微剧集。**近年来，很多内容平台将目光投向微剧集这种新内容形式。微剧集是传统电视剧的"迷你版"，传统电视剧每集时长一般为40分钟，而微剧集每集时长一般不超过5分钟，大多为2~3分钟。这样的时长既可以讲清楚每集的情节发展，又不至于太冗长，可以大幅度压缩制作成本。不过，古风微剧集还是属于相对比较专业的影视制作领域，而且是由分工明确的团队创作的。因此制作古风微剧集的多是传统影视制作公司和剧组，还有一些经验非常丰富、制作水平较高的古风视频拍摄工作室，制作古风微剧集对于普通的古风视频爱好者和入门创作者来说还很难。

1.2 如何打造古典风格

一部短视频的风格取决于多种因素，其中既有色彩、构图、造型等外在因素，也有节奏、氛围、情感等内在因素。既然古风短视频是一种根植于中国传统文化的短视频类型，那我们在创作时不妨从中国传统文化中汲取营养。

色彩构图

1. 色彩

色彩是视频画面中吸引人关注的第一要素。古风短视频的画面色彩应该追求怎样的风格呢？受技术水平限制，早期中国画的颜料大多是从植物、矿物等天然材料中提取的。因此，中国画颜料的种类并不多，也没有非常艳丽的颜色。随着时间的流逝，画作会产生一定程度的褪色，因此今天我们在博物馆、展览馆所看到的古画，都呈现出一种淡雅、低饱和的色彩风格，如图1-1所示。

另外，在中国画体系中，墨是最常用的颜料，但是中国画中的墨并不是一团漆黑。所谓"墨分五色"，指的是用水来调节墨色的层次，最终形成"焦、浓、重、淡、清"这5种深浅、干湿、浓淡不同的墨色质感，如图1-2所示。

到了现代，人们利用化工技术可以轻易制造出纷繁艳丽的颜料，但是中国画追求淡雅、善用墨色的特点却被承袭下来。中国画虽然偶用重色，但也只是点缀，并不会大面积使用浓艳的颜色。人眼天生偏爱鲜艳明亮的颜色，但是对于古风短视频来说，我们可以借鉴中国画的用色方法，摒弃艳丽的颜色，追求平和典雅、浓淡适宜的色彩风格。

图1-1 唐·张萱《虢国夫人游春图》局部

图1-2 墨分五色

2. 构图

构图是指画面中不同元素的排列呈现方式，这些元素主要包括主体、陪体和环境。影视创作已经形成了一些成熟的构图方法，比如黄金构图、对称构图、三角形构图、S形构图……但是古风短视频有其独特的构图方式，这其中最为显著的就是"留白"。

"留白"是中国传统艺术的重要表现手法之一，被广泛应用于绘画、书法、诗词、戏曲等领域，如图1-3所示。这里的"白"并非一片空白，而是指给观众留下想象的空间，这也是中国画中达成意境的重要方法。

对于古风短视频的构图，我们可以借鉴传统的"留白"手法，在构图时不必将画面全部填满。尤其在表现人物与环境的全景和远景镜头中，我们可以利用天空、山体、水面等景物陪衬人物，如图1-4所示。

图1-3 南宋·马远《寒江独钓图》

图1-4 古风短视频中的留白

镜头节奏

摄影是时间的艺术，摄像是时间的艺术，影视作品通过单个镜头的内部节奏和不同镜头的组接来体现时间的流逝。

单个镜头内部节奏主要包括单个镜头内人物的动作，摄像机的运动，声音、色调和光影的变化，等等。古风视频的一组镜头的内容通常是身着汉服的人物所完成的一系列动作，因此人物完成这个动作的过程是影响单个镜头内部节奏最直接的因素。

无论是京剧还是昆曲，传统戏剧都讲究"唱念做打"等一系列具有形式感和程式化的动作，这些动作能够让观众产生丰富联想，拓展舞台空间。古风视频中的人物可以借鉴传统戏剧的这种程式化动作，在行走坐卧中呈现出舒缓、优美、典雅的仪态美，如图1-5所示。

图1-5 人物动作舒缓优美

　　刚开始接触古风视频的创作者,拍摄的对象大多是一些没有太多表演经验的普通人,那么创作者可以通过拍摄升格镜头、后期放慢速度的方式来表现这种舒缓的动作,以弥补普通人表演时肢体动作上的不足。

　　一组镜头的外部节奏一般通过剪辑和音乐来体现。古风视频的节奏应根据拍摄主题和内容进行调整,比如一组少女游春的镜头(见图1-6)和一组武打镜头的节奏必然是大相径庭的。

　　音乐是影响古风视频节奏的一个非常重要的因素。初学者最开始接触的古风视频一般都是古风音乐视频,对于这种类型的古风短视频,音乐的选择至关重要。古风视频创作者应该养成平时积累音乐素材的习惯,听到好听的、自己觉得合适的歌曲可以及时收藏,以便在剪辑时调用。

图1-6 剪辑形成一组镜头的外部节奏

环境氛围

　　中国传统文化崇尚"天人合一"的境界,这里的"天"我们可以理解为环境。人离不开环境,所以古风视频中的环境必须和人物紧密结合。

　　中国每个朝代的服装、建筑、礼仪、陈设、风俗等都不一样。古风视频创作者无须成为历史学家,但是对于我国每个朝代服装、建筑等方面大致的风格特征需要有一定的了解。观众的眼晴是雪亮的,如果让穿着唐朝襦裙的模特穿行在明清宫殿的红墙下,观众虽然不一定能一眼看出其中具体的错误,但是还是会产生违和感。

古风视频创作者可以选择的拍摄取景地主要有园林、以古建筑为主的旅游景区和公园、古风摄影棚、自然环境、影视城等,如图1-7所示。需要注意的是,环境中的道具、布置等也需要与短视频的整体风格搭配,比如用近现代工艺生产的塑料制品就不能出现在古代的场景中。

图1-7 古风视频中常见的拍摄取景地

认真的创作者应该对自己的作品负责,一定会考虑到作品的方方面面,其中取景地的选择就是非常重要的一个环节。古风视频拍摄取景地的选择有一定的局限性,当然特殊题材作品的创作可以突破这些限制,比如穿越题材短视频的拍摄就可以带入现代的环境,所以创作者需要具体情况具体分析。

除此之外,古风视频一个很重要的特征就是氛围感强。这里同样拿中国画来举例,中国画追求神似而不求形似,在作品中追求意境。这种意境看似抽象,但是可以通过一些具体的方式来呈现。

1. 在短视频中表现天气特征

并不是晴天才适合拍摄,不同的天气能给人带来不同的情绪感受。例如,阴雨天可以表现伤感、低沉的氛围,雪天可以表现或悲凉或浪漫的氛围,自然风或者鼓风机的吹动可制造飘逸唯美或凄凉阴森的氛围,图1-8所示即为雪天画面。

图1-8 雪天的拍摄

2. 在短视频中表现时间特征

　　清晨和傍晚通常被称为拍摄的"黄金时刻"，这是因为在这些时刻光照角度低、光线柔和。尤其是在傍晚，夕阳给大地上的景物镀上一层柔和的暖色调，特别适合用来表现温暖宁静的氛围，如图1-9所示。而夜晚同样是创作者不应该放过的一个时段，通过适当的布光，我们能够拍出与影视剧媲美的夜景画面。

　　此外，创作者还可以通过一些特殊道具来营造画面的氛围。烟饼不仅能营造仙气飘飘的拍摄环境，在有光线直射的环境中燃放烟饼，还能产生丁达尔效应，呈现光束的效果，增强画面层次感，如图1-10所示。在夜景拍摄过程中同样可以燃放烟饼来丰富画面暗部的细节，让画面中黑暗的部分不至于死黑一片。此外，在一些平整的地面上均匀洒水能够制造倒影效果，为平淡的画面增加高光和更多细节，丰富画面层次。

图1-9 傍晚时拍摄

图1-10 燃放烟饼呈现光束效果

人物造型

人物造型主要分为服装造型和化妆造型。

1. 服装造型

本书将古风视频中人物所着服装统称为"古装",这其中包括目前古风视频拍摄中使用最多的汉服,以及影视装、戏曲装、汉元素改良装等。

从某种意义上来说,古风视频的传播发展与汉服的流行和商业化是分不开的。很多古风视频创作者早期都是汉服摄影师,他们帮汉服商家拍摄商品图,后来开始拍摄视频,进行短片创作。因此,古风视频创作者需要大致了解汉服的几种风格和分类。目前市面上的汉服大体上有秦汉、魏晋风、唐风、宋制、明制几种风格,如图1-11所示。秦汉庄重、魏晋飘逸、唐风华丽、宋制典雅、明制富贵,当然这些特点不能一概而论,古风视频创作者应该根据创作主题、拍摄环境、演员形象等有针对性选择汉服。预算充足的可以直接去淘宝或者实体店购买汉服,预算有限的可以选择租赁。

拍摄古风视频并不是只能用汉服,目前市场上还有大量的影视装。在影视剧拍摄过程中使用的基本都是改良过的汉服,也就是所谓的影视装,这类服装在视觉上更符合现代观众的审美,更有利于演员动作的呈现,在制作工艺和流程上也区别于传统汉服。影视装通常会在一些角色扮演类的古风短视频中出现,比如很多金庸小说爱好者在扮演金庸武侠剧中的小龙女一角时,使用的就是电视剧中的影视装。创作者可以根据自己的拍摄主题和需求选择影视装,其购买和租赁渠道与汉服相同。

另外,拍摄一些带有戏曲元素的视频需要用到戏曲装乃至整套的头面首饰。虽然这些服装首饰在电商平台上也有售卖,但是一般质感都不是很好。如果对于服装要求较高,建议向戏曲领域的从业者或爱好者寻求帮助。

图1-11 不同风格的汉服

2. 化妆造型

化妆造型也是人物造型中极其重要的组成部分。在古风视频拍摄中,创作者一般会邀请专业的妆娘帮演员化妆。妆娘会根据拍摄主题和已经选好的服装进行发型和妆容的设计,如图1-12所示。妆娘大多会自带化妆品和头饰,如果需要特殊的饰品,需要提前跟妆娘沟通或自行准备。每一个妆娘的化妆风格都不尽相同,有的妆娘擅长复原妆,有的妆娘擅长影视妆。古风视频创作者必须清楚的是,古风视频中的人物妆容无须完全复原古代妆容,但是也不能过度使用现代妆容中的色彩、首饰,否则就会产生违和感。除了一些角色扮演类或者复原类短视频,古风视频中的人物妆容应尽量追求大气、淡雅、干净的效果。

图1-12 古风妆容和造型

思想情感

艺术创作是创作者思想情感的表达和价值观念的传递,古风视频的创作同样如此,优秀的古风视频通常主题明确,情感含蓄但清晰,容易让观众共情。

中国传统文化中的情感表达崇尚含蓄、内敛,这在绘画、文学作品、戏剧甚至建筑中都有所体现。以古诗词为例,诗人和词人最擅长的是"以景写情",我们来看一首词。

小山重叠金明灭,鬓云欲度香腮雪。懒起画蛾眉,弄妆梳洗迟。

照花前后镜,花面交相映。新帖绣罗襦,双双金鹧鸪。

这是唐朝词人温庭筠的《菩萨蛮·小山重叠金明灭》,全篇看似描写了一位女子早晨起床后擦粉、描眉、照镜子、绣花的日常生活状态,但是以"懒""弄""双双金鹧鸪"的词语道出了女子孤独寂寞的心境。全篇无一字写情,但又无一字不写情。这些情感的表达蕴含在细节之中,没有宣之于口,这就是传统文化的情感表达的魅力。

古风短视频的创作完全可以借鉴这种方式。试想,我们要拍摄一位思春的闺阁女子,预算有限、场景简陋,甚至缺少男主。但是我们只要将诗词中描写的动作和细节一一呈现,如图1-13所示,观众自然就能领悟到短视频所要传递的情感。

此外,我们还可以通过拍摄一些空镜头来辅助情感的表达,如图1-14所示。古风视频中很多特定的元素具有明显的情感意味,比如落花暗示凋零、大雁代表思乡、秋叶寓意伤感、流水表达深情……创作者应该做一个有心人,细心观察,多捕捉细节,用动作和细节来辅助情感的表达,这样不仅能够体现古典含蓄的风格,也能够弥补演员演技的不足。

以上所述只是影响古风视频风格的一些具有代表性的和普遍性的元素,创作者在进行拍摄前需要充分认识这些元素,做到心中有数,这样才能在创作中更好地把握作品的风格。不同的创作者有不同的创作风格,古风视频创作者在平时可以加强对传统文化的了解和积累,在此基础上通过不断实践,创造出独属于自己的古典风格。

图1-13 用细节来表达情感

图1-14 用空镜头来辅助情感的表达

第 2 章

古风视频拍摄前的准备工作

除了现场拍摄汉服走秀等活动外，大部分的古风视频拍摄都需要我们提前做好相关的准备工作。这些工作的内容主要包括视频内容策划、脚本撰写、寻找与对接演员、服化道的准备工作、寻找并查看拍摄场景、对接化妆师和摄影助理等工作人员。另外，任何拍摄项目都会涉及相关费用的支出，而通常情况下，古风视频的拍摄费用类目较多、金额较高。因此，在没有商业赞助和合作时，如何制定拍摄预算、合理控制拍摄成本，也是个人创作者在古风视频拍摄中必须了解的。

2.1 古风视频的前期策划

向大师学习——灵感的搜寻

许多伟大的作品都是站在前人的肩膀上创作出来的,聪明的创作者都非常擅长学习与模仿。

作为一名古风视频创作的初学者,看到别人拍摄的一些优秀作品,于是也萌发了想要拍摄这种类型的作品的念头,这无可非议,也是很多初学者快速入门的"笨方法"。但是随着拍摄经验的不断增加,我们就需要搜寻更多的灵感来创作属于自己的作品,而灵感的来源主要有以下几个。

1. 中国传统文化

博大精深的中国传统文化无疑是古风视频创作者的宝库,其中可以挖掘灵感的途径主要有以下几个。

- 传统典故。
- 古诗词。
- 古代小说、戏曲。
- 传统民俗等。

笔者在初涉古风视频创作时,无意间查阅到中国传统文化中关于"十二花神"的说法。古人认为每个月都有一位花神,二月初二为花神节,百花盛开,群芳争艳。后来,人们为十二花神赋予"人"的属性,将每个月的花神与一位古代女子相联系,这些或美丽或悲伤的女子身上发生的故事,不正是可以用来发挥和创作的主题吗?于是,笔者就根据"十二花神"的典故开始创作"十二花神"系列古风短视频,如图2-1所示。

图2-1 "十二花神"系列古风短视频合集

2. 古装影视剧

优秀的古装影视剧也是我们创作古风视频的灵感来源。

近年来，短视频平台上出现了一些模仿古装影视剧人物造型的美妆博主，其通过仿妆的形式还原一些经典古装影视剧中的人物造型（如图2-2和图2-3所示），引起大家对早年那些特色鲜明的古装人物造型的怀念。比如参与了87版《红楼梦》造型工作的化妆师杨树云老师就非常擅于打造古装人物造型，他在《上错花轿嫁对郎》中打造的人物造型同样成为经典，短视频平台上就有很多博主模仿这些剧中的人物造型。

图2-2 仿《红楼梦》中王熙凤的人物造型

图2-3 仿《上错花轿嫁对郎》中杜冰雁的人物造型

3. 中国风音乐和古风音乐

音乐是古风视频中非常重要的元素，尤其是在古风音乐视频中，音乐是贯穿作品的核心元素。中国风、古风音乐是当下流行音乐范畴内广受听众喜爱的音乐类型。其中中国风音乐更加通俗，偏向流行；而古风音乐则更加古典，歌词、旋律等都偏向传统风格，更具古典韵味。

这两种音乐也是我们创作古风视频的灵感来源，尤其是古风音乐，其歌词多采用古体诗词结构，注重措辞韵脚，歌曲内容也多包含古代典故，有相关故事背景。很多古风音乐都会附带一段背景故事，留给人无限的想象空间，比如《牵丝戏》讲述的是傀儡翁和傀儡的故事，而《锦鲤抄》则讲的是画师和鲤鱼精的故事。

4. 古风游戏

很多古风游戏同样是由我国的古典文学作品改编而成的，比如《梦幻西游》《倩女幽魂》等。这些游戏借用了古典文学作品的故事框架和人物设定，然后重新构筑游戏情节；有的甚至只是借用了一个名字，连人物都进行了全新的塑造。

和古风音乐一样，如果我们只是翻拍游戏中的情节用于创作练习、自己观赏则无可非议，但如果作品要在自媒体上进行传播，则需要注意版权问题。

5. 短视频平台

如今，短视频平台已经成为当下人们日常娱乐的重要平台之一。短视频平台的"热点"引领着创作的方向，也给视频创作者提供了创作灵感。

当下一些影视剧和游戏会和平台合作，开放授权让创作者自由进行二次创作，这其中的古装影视剧和古风游戏就可以成为古风视频创作的灵感来源。除此以外，短视频平台上的很多热点话题也可以成为灵感来源，比如热门景区在平台上进行推广时，我们可以借助此热度去景区拍摄相关视频内容。如电视剧《梦华录》热播时，其拍摄地襄阳唐城影视基地就在抖音上进行了相关的推广，我们可以把对《梦华录》的二次创作和其取景地结合在一起，拍摄一个古风视频，如图2-4所示。

图2-4　热播剧《梦华录》的仿拍

如何策划古风音乐视频

古风音乐视频的策划主要包含以下几个方面。

1. 选择音乐

音乐是音乐视频的灵感来源，对古风音乐视频来说，一般都是先有音乐，然后根据音乐去策划需要拍摄的画面。所以，选择音乐是创作古风音乐视频的第一步。古风音乐视频使用的音乐大部分是中国风音乐和古风音乐。在各大音乐平台上以"古风"为关键词进行搜索，就能找到很多古风音乐。一首完整的古风音乐时长一般为3~5分钟，而短视频平台上的古风音乐视频时长较短，通常为15~30秒，选取的音乐多是一首歌的副歌部分，也就是所谓的高潮部分，以便能在短时间内吸引短视频平台用户。另外，有些古风音乐视频也会涉及多首音乐，通常情况下这类古风音乐视频会进行剧情呈现。

2. 制定拍摄方案

音乐视频最主要的拍摄制作逻辑是"声画同步"，也就是要求画面与歌词和旋律匹配，这其中又分为几种特殊的类型。如果选择的音乐本身有明确的主题甚至故事情节，那么拍摄的画面必须与该主题和故事情节紧密相关。比如笔者创作的古风音乐视频《山经海卷》，其中的音乐是由国风IP企划"今时古梦"创作的一首关于《山海经》的古风歌曲，所以音乐视频的画面内容必须依据《山海经》的故事进行创作。因为整首歌的时长有3分44秒，但是歌词并未讲述太多《山海经》中的典故，于是笔者根据歌词内容搜索《山海经》的相关资料，在原有的神女、九尾狐等人物的基础上增加了鲛人、女娇、精卫等人物，如图2-5所示。这样丰富了拍摄场景，使音乐视频画面内容丰富、场景多变，更具可看性。

图2-5 古风音乐视频中的人物设计

当人物确定好后，拍摄的场景和内容也就呼之欲出了。因为这些人物在《山海经》中有据可考，在拍摄时只需根据原有的故事情节并结合实际的拍摄场景，就可以完成画面内容的创作。比如，《山海经》中记载鲛人生活在水里，鱼尾人身，哭泣时眼泪会化为珍珠……笔者据此拍摄了鲛人在水边醒来、戏水、上岸、奔走等意象化的唯美镜头，如图2-6所示。

拍摄的场景和内容定好后，我们需要设计人物造型，为人物选择服装。同样以鲛人这个人物为例，笔者首先根据其"眼泪可化为珍珠"的传说，为其设计了含有珍珠、鳞片、鱼鳍等相关元素的造型。然后笔者经过搜索发现，网络上有"小美人鱼"主题的汉服，其衣身上的水纹、珍珠等元素与鲛人的造型非常契合，因此选择此款汉服作为鲛人的服装，如图2-7所示。

图2-6 古风音乐视频中的画面内容设计　　　　　　图2-7 古风音乐视频中的造型设计

如果选择的音乐不涉及明确的人物、故事，甚至是没有歌词的纯音乐，那么我们就需要根据音乐本身的氛围、节奏等进行画面内容的策划，这种情况下我们的创作自由度一般较大。比如，《玲珑心》就是一首没有明确人物和故事背景的古风音乐，因此我们首先需要根据音乐本身的风格特点进行主题、人物和场景的设定。因为整首音乐比较空灵、轻盈，让人有一种如梦似幻的感觉，所以笔者为其设定了"春夜"的主题。苏轼的《海棠》一诗中有"只恐夜深花睡去，故烧高烛照红妆"的春夜场景描写，笔者据此设定了图2-8所示的画面：在一个春日的夜晚，女子从梦中醒来，花瓣飘进窗内，此刻她仿佛在花树下起舞，去山野间探寻春色……一盏淡酒令她昏昏欲睡，不知这一场景是真是幻……

图2-8 古风音乐视频的主题设计——春夜

主题和人物设定好后，我们需要进一步确定拍摄场景和服化道等。笔者设定了夜晚室内和白天室外两个场景，夜晚内景设定了春睡、刺绣、点妆等情节，白天外景设定了树下起舞、花丛寻花、花下饮酒、湖边醉酒等情节。接下来为人物设定造型和服装。夜晚内景的服装选择一套款式较为简单的红色交领汉服，因为夜景的色调较为清冷，红色更容易凸显人物；发型采用简单的披发，符合春睡的设定。白天外景的服装选择一款粉色汉服，这款魏晋风汉服有长袖、花边、飘带等元素，显得更加灵动飘逸，非常适合用来拍摄跳舞场景；发型采用灵动的环髻并用绢花点缀，妆容力求干净简洁，进一步凸显人物的清纯少女感。在道具上，笔者使用了大量的团扇，人物将各种花朵绣进扇面，凸显惜花爱花的人物设定。扇面通过打光能够形成半透明的效果，为场景增添了梦幻朦胧的气氛，如图2-9所示。

图2-9 古风音乐视频的道具设计——团扇

如何策划古风剧情片

在进行古风剧情片创作前，创作者必须知道什么是"故事"。许多电影通常会采取这样的模式来进行讲述：**主人公出场时就带着一个目标，然后主人公必须做很多事情来完成这个目标，也就是所谓的"做任务"；在做任务的途中，主人公会遇到若干困难，最终主人公克服了这些困难，达到了自己的目标。**这一过程可以概括为**开端—发展—高潮—结局**，这就是最基本的故事模型，世界上成千上万的电影、电视剧、戏剧、小说等艺术作品都在使用这个模型。在影视行业，专门从事剧本创作的人被称为编剧。剧本剧本，一剧之本，剧本创作是影视创作中最基本也是最重要的一个环节。

1. 剧情完整的古风剧情片

这里的古风剧情片又分为两种情况。一种是包含了**开端—发展—高潮—结局**的完整故事段落的古风剧情片,这样的剧情片通常时长为3~5分钟或更长,但是相比传统的电影,这样的时长也显得非常短,因此很多人也将这种具有完整情节的剧情片称作"微电影"。这种古风微电影形式早年多出现于一些歌手的古风音乐视频和网友翻拍的作品中。近年来,短视频平台上也出现了一些新形式的古风剧情片,每集时长为1~3分钟,每集的剧情是连贯的,最终构成一个完整的故事。这样的古风剧情片其实是传统电视剧的"迷你版",因为节奏较快、冲突较多、情节点密集,吸引了很多喜欢"爽剧"模式的观众。这是古风剧情片的另一种情况。

在策划剧情完整的古风剧情片时,首先要进行**剧本的创作**,也就是"写故事"。写故事的第一步是明确故事的主题和人物。

前文介绍了古风视频创作的灵感来源,这里以笔者创作的古风剧情片《秦淮八艳·李香君》为例。秦淮八艳是指明末清初生活在江南金陵一带的八位名妓,她们才貌双全、艳冠金陵,艺术作品中不乏这八位传奇女子的描写。在进行前期策划时笔者发现,关于秦淮八艳的影视剧甚少,已有的也多集中在柳如是、陈圆圆、董小宛这几位名声较响的人物身上。笔者发现,其中一位传奇人物李香君的故事非常精彩,关于她的资料也非常多,于是笔者决定先拍关于李香君的短视频。

主题和人物确定后,接下来需要对整体故事情节进行设计。清代剧作家孔尚任著有一部《桃花扇》,如图2-10所示,专门描写了李香君和侯方域的爱情故事。作者以男女情事来写家国兴衰,情节跌宕起伏,令人回味无穷。笔者决定以此剧作为创作蓝本,对短视频的故事情节进行了如下的设计。

图2-10 原版《桃花扇》

● **开端:** 女主角李香君与男主角侯方域相遇,两人一见钟情。

● **发展:** 侯方域金榜题名,帮李香君赎身,两人婚后生活甜蜜。

● **高潮:** 侯方域被奸人所害,被迫出逃;李香君不畏强权,誓死不从,自毁容颜。

● **结局:** 侯方域终于在栖霞寺找到了李香君,二人团聚。

考虑到短视频的表现形式和时长限制,笔者在剧本中弱化了历史背景,以李香君和侯方域的情感发展为主线,两人经历了**相遇—分别—结婚—矛盾—再次分别—团聚**的情感历程。笔者将时代的矛盾简化为反派人物对主人公的迫害(奸人阮大铖收买侯方域、觊觎李香君)。

在情节设计上,笔者进行了两处改编。一处是关于李香君与侯方域的结局。《桃花扇》中两人最终看破红尘,双双于栖霞寺出家。笔者认为,这样升华式的结局对于原著这种具有深刻历史背景的故事来说是震撼的,它与《红楼梦》"白茫茫一片真干净"的结局有异曲同工之妙。但是对于短视频这种表现形式来说,这样的结局似乎不能令观众满意,于是笔者将其改为大团圆结局,如图2-11所示。

图2-11 短视频中改编成大团圆结局

原著中，李香君受奸人阮大铖逼迫，但誓死不愿改嫁，以头撞柱，血溅纸扇。后来杨龙友依据扇面上的斑斑血迹，绘制成一把"桃花扇"，成就了二人的爱情传奇。在拍摄时，为了增强戏剧冲突，强化李香君宁折不弯的性格，笔者将这段情节改为李香君用发簪划伤脸庞，自毁容颜，血滴在折扇上，如图2-12所示。这样既增强了短视频的可看性，也更加符合以爱情为主线的设定。

图2-12 改编血溅桃花扇的情节，增强戏剧冲突

2. 碎片化的剧情段子

剧情完整的古风剧情片创作难度较大，要求创作者有一定的编剧能力，对故事的写作、情节的架构、人物的设计都有一定的掌控能力。除了这种具有完整剧情的古风剧情片，近年来短视频平台上还涌现出很多碎片化的剧情段子。这类短视频通常时长更短、场景单一，但是矛盾冲突明显、人物情感强烈，适应了短视频平台用户"短平快"的观看诉求。创作这类短视频对于古风短视频的初学者来说也是一种不错的练习方式。

这类短视频时长较短，必须依靠强烈的戏剧冲突留住观众，因此其情节通常来源于一个完整故事的高潮段落。在这个高潮段落中，人物之间的冲突达到顶峰，情感纠葛激烈，观众在观看时能够快速进入情境。总而言之，这种碎片化的剧情段子更加注重的是强烈的戏剧冲突，而非剧情结构的起承转合。在创作这类短视频时，我们通常遵循"一句话"原则，即用一句话就可以描述清楚这一场景中发生的剧情。

笔者在创作"十二花神"系列古风短视频时，通常会在开头设置一个碎片化的情节，这个情节通常具有代表性，能够快速交代人物的身份设定、性格特征，强化人物之间的戏剧冲突。比如在《梅妃》的开场中，笔者设置了一个类似于"宫斗"的情节，用一句话概括就是"失宠的武惠妃想要拉拢梅妃被拒绝"。这段情节的发生地在御花园的走廊，主角是梅妃与武惠妃，情节基于两人的对话展开：杨玉环得宠后一枝独秀，武惠妃想要拉拢梅妃一同对付杨玉环，淡定自若的梅妃拒绝了武惠妃的邀约，如图2-13所示。虽然这个情节没有声嘶力竭的台词、激烈的肢体冲突，但是却通过"邀约被拒"这一冲突揭示了人物性格，梅妃清冷、孤傲、淡漠的性格特征通过此情节呈现了出来。

图2-13 片段式的剧情设计

笔者在创作另外一部古风剧情片《巫鬼》时，剪辑了很多碎片化的剧情段子。在剪辑碎片化的剧情段子时，我们可以利用平台上的热门音乐作为背景音乐，以提升热度。举例如下。

情节：师弟得知师兄病逝，悲痛吐血。音乐：胡彦斌《还魂门》。

情节：师弟为师兄披衣服，担心师兄的病情。音乐：孟维来《羽落》。

情节：师兄对师弟送给自己的面具不屑一顾。音乐：纸嫁衣《鸳鸯债》。

…………

另外需要注意的是，碎片化的剧情段子的时长应控制在1分钟以内，30秒能交代清楚情节就不要用1分钟。初学者在拍摄时如果没有太多的创意想法，可以从翻拍短视频平台上的热门段子入手，先模仿别人的段子和一些影视剧的经典桥段，等到拍摄经验丰富以后，自然可以产生更多的灵感，拍出属于自己的作品。

2.2 古风视频拍摄前的准备工作

做好前期策划工作后,接下来进入拍摄的准备阶段。在这一阶段我们需要对拍摄方案进行进一步的细化,主要包括各类脚本的撰写。在写脚本时,我们可以同步筹备拍摄的前期工作,包括组建剧组、选择拍摄场地、准备服化道、制作拍摄计划表、确定预算等。

写脚本

影视行业专门从事剧本创作的人被称为编剧,而导演和摄影负责把编剧撰写的文字转化成一个个影像画面,最终组成一部完整的作品。在古风视频的创作过程中,我们同样需要在前期做好编剧的工作。在前期策划完成后,我们需要把创意和想法落实到纸面上,最终形成拍摄依据——脚本。

古风视频的创作过程多样,因此脚本的形式也无须统一,只要方便自己与其他拍摄人员参考、方便剧组人员进行沟通即可。这里介绍几种古风视频拍摄中常用的脚本形式。

1.故事大纲型脚本

这种脚本适合没有较多台词的剧情片,是用文字来依次交代每一个场景和对应的剧情,并标明内外景、时间、氛围乃至转场等信息。因为后期剪辑基本按照脚本的顺序进行,所以故事大纲型脚本也需要把每个场景之间的起承转合交代清楚,如图2-14所示。当然,必要时我们也可以在其中注明人物设定、故事类型、故事关键词等。

2.人物对白型脚本

这种脚本也叫"台词本",适合人物有大量台词的剧情片,比如古风短剧、微剧等的创作多使用这种脚本。台词本在故事大纲型脚本的基础上加上了详细的人物对白,在每个人物的对白

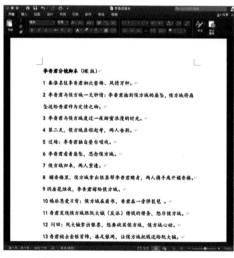

图2-14 故事大纲型脚本

图2-15 人物对白型脚本

前描述人物说这句台词时的状态、动作等信息，这能方便演员在表演时进行参考，如图 2-15 所示。在每一个场景前，需要统一标注情节发生的地点、时间（日/夜）、氛围（内/外），以及出场的人物。非对白部分的情节描述或者旁白、内心独白等内容，需要另起一行单独标注。

3.分镜头脚本

这种脚本是影视制作行业应用最广且通用的脚本形式。分镜头脚本需要精确描述每一个拍摄画面，具体描述的信息包括但不限于镜号、画面内容、景别、拍摄角度、运动、画面时长、声音、文案、镜头焦段、画面备注等，如图2-16所示。为了使拍摄效果更加明确，有时还需要提供参考图来描述预期的画面效果。在影视行业，有专门负责参考图绘制工作的人员，这些参考图也叫作"故事板"。

图2-16 分镜头脚本

对于古风视频创作而言，大部分时候只需要采用故事大纲型脚本即可满足拍摄与沟通的需求。对于很多古风视频初学者和爱好者而言，在大部分的创作过程中自己都要包揽全活，即一人扮演导演、摄影、后期等角色，所以只要在脚本里把需要拍摄的情节、画面、场景等关键信息描述清楚，方便自己和相关人员参考即可。不过，随着拍摄经验的丰富和拍摄团队的壮大，我们可能会接触到复杂的古风剧情片拍摄，这时我们就需要用台词本和分镜头脚本来方便团队的沟通和拍摄工作。大家可以根据自己目前的实际情况，自主选择脚本的形式。

组建剧组

剧组是影视剧拍摄的生产单位，一个剧组由各司其职的不同人员组成。剧组基本且常见的人员配置有制片、编剧、导演、摄影、灯光、场务、演员、化妆、服装、道具、置景、生活制片、后期等。古风视频拍摄是一个相对复杂的过程，在拍摄前，我们通常也需要组建一个小型剧组，以便更高效地完成作品的创作。拍摄古风视频的剧组有以下几种组成方式。

1.简约型剧组

简约型剧组由2~5人组成，在特殊情况下，甚至可以是自妆自演自拍的单人剧组。简约型剧组适合入门级的创作者进行古风音乐视频、简单的剧情段子等的创作。简约型剧组以"摄影"为核心人员，通过"摄影+n"的组合方式，我们可以组建若干种简约型剧组。

- **摄影+演员：**可以完成最基本的拍摄。
- **摄影+演员+化妆：**人物的造型质量得到保证。
- **摄影+演员+化妆+助理：**助理可以帮助打光，使画面质量得到进一步提升。

提示：需要注意的是，在大部分古风视频的拍摄中，摄影通常兼顾"拍摄"与"剪辑"两项工作，因此在这里无须单独配置后期。

2. 进阶型剧组

当拍摄难度提升、演员数量增加时，我们需要组建更加复杂的剧组来完成拍摄。进阶型剧组的核心人员是导演，导演需要根据拍摄方案和脚本来制定拍摄计划，对接演员和化妆，并与摄影一起完成画面的拍摄和剪辑。不过，导演和摄影的工作在古风视频拍摄中通常由一人兼顾。

- 导演+摄影+演员。
- 导演+摄影+演员+妆娘。
- 导演+摄影+演员+妆娘+助理。

3. 成熟型剧组

这样的剧组已经非常接近传统影视行业的正规剧组，通常较大型和专业的古风短剧、古风音乐视频、广告等的创作需要组建这样的剧组。成熟型剧组中有4位核心人员：**编剧**负责创作创意方案和脚本，**导演**负责把控整个作品的质量，**摄影**负责进行具体画面的拍摄，**制片**需要统筹安排剧组的各个成员、保证生产流程顺畅。这4个核心人员还会对接剧组的其他工作人员，最终完成复杂的拍摄工作，如图2-17所示。

- **编剧：**对接导演及客户，保证脚本的可执行性。
- **导演：**对接所有人员，前期需要对接美术、置景、服化道人员，在现场需要调度演员、指挥摄影，后期需要对接剪辑、调色、包装等人员。
- **摄影：**对接美术、置景、灯光等人员，主要负责脚本的视觉化创作。
- **制片：**把控整个制作流程，对接剧组的各个部门，安排拍摄进度，制定拍摄预算，以及安排剧组的吃、住、行等。

古风视频初学者在创作前期通常面临着"单兵作战"的局面，很多古风视频创作者都是一人身兼数职。当然，随着拍摄经验的丰富以及拍摄预算的增加，我们需要学会团队合作。组建一个分工明确、各司其职的剧组，能够保证我们创作出质量更好的作品。

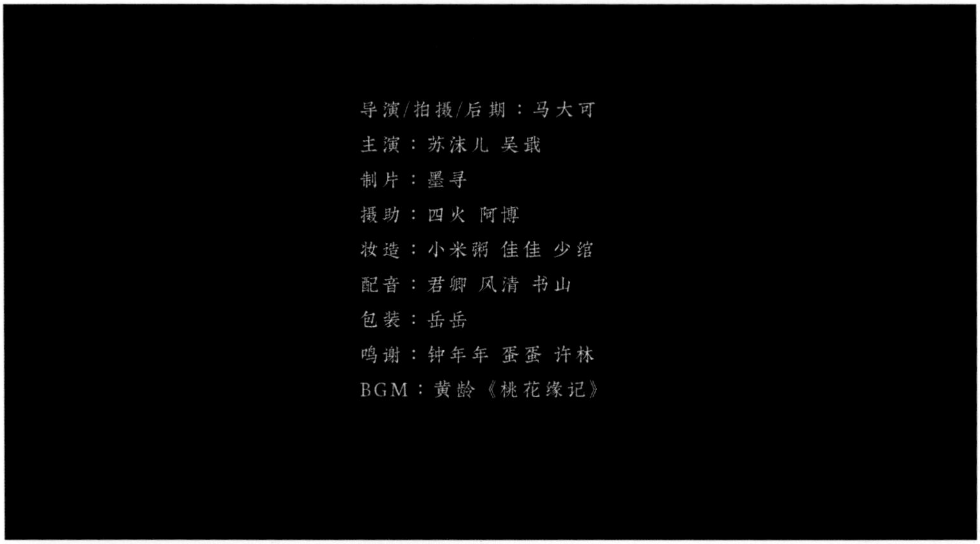

导演/拍摄/后期：马大可

主演：苏沫儿 吴戤

制片：墨寻

摄助：四火 阿博

妆造：小米粥 佳佳 少馆

配音：君卿 风清 书山

包装：岳岳

鸣谢：钟年年 蛋蛋 许林

BGM：黄龄《桃花缘记》

图2-17 古风短视频《秦淮八艳·李香君》的剧组名单

选择拍摄场地

古风视频的拍摄场地分为**内景**和**外景**。内景主要包括古风摄影棚、古建筑的室内,外景主要包括古典园林庭院、自然山水风光、古建筑的室外等。这些常见的古风拍摄场地在第5章中有详细介绍。在拍摄的准备阶段,我们需要做的是对拍摄场地进行筛选以及进行踩点工作。

1. 拍摄场地的筛选

古风视频拍摄场地的筛选可以按照以下几点进行。

● 古风视频的拍摄场地必须具有古典元素且不容易穿帮。因为古风这种题材的特殊性,观众非常容易发现拍摄场地中不属于古代的元素,所以我们应尽量避开容易穿帮的拍摄场地,比如仿造的古镇、商业街。

● 拍摄场地的整体风格必须符合历史。我国历史悠久,每个朝代的建筑风格都不太一样,因此拍摄场地中的建筑风貌、室内陈设等需要符合历史背景设定。比如,汉代多是席地而坐,因此在以汉代为时代背景的古风视频中,就不能出现明清才有的家具。

● 拍摄场地的风格、气质、色彩等要与拍摄主题协调统一。比如,拍摄盛唐气象,可以选择色彩艳丽、具有异域风情的唐代风格建筑,而如果拍摄江湖儿女,则可以选择苍茫大漠、萧萧竹林等有江湖气息的自然外景。

2. 踩点

如果条件允许,我们需要在拍摄前对拍摄场地进行踩点,也就是所谓的"勘景"工作。在踩点时,我们要注意查看拍摄场地的光线、人流量,是否允许使用专业的拍摄设备,如果在景区拍摄需要留意营业的时间等。如果不能提前踩点,我们需要在网络上提前查看取景地的不同照片,以防实际现场环境与照片差距较大,如图2-18和图2-19所示。

这里也有一些小技巧分享给大家。比如可以分析照片拍摄所采用的焦段,警惕用长焦镜头拍摄的照片,因为长焦可以虚化掉很多信息;也要警惕那些拍得特别好看的宣传照,尽量查看游客用手机拍摄的现场照,因为后者比较真实。此外,也可以按照时间顺序查看近期的照片,因为一些取景地有季节性或时效性(比如有特殊的花期),以免到现场拍摄时扑空。

图2-18 网络上的场景图

图2-19 实际踩点时的场景图

准备服化道

古风视频中的服装可以通过购买和租赁两种渠道获得。随着汉服市场的发展，我们可以在购物网站上搜索到各种各样的汉服。另外，包括汉服在内的古装也可以通过租赁获得，在淘宝、闲鱼等平台上有很多专门提供服装租赁服务的商家和个人，我们利用关键词和图片就可以搜索到自己想要的服装。另外，一些汉服摄影工作室、汉服体验馆、古风摄影棚等实体店也会提供古装、道具的租赁服务，这些商家的信息一般在大众点评、抖音、58同城等平台上都可以搜索到。

为古风拍摄提供造型服务的人在业内被称作"妆娘"。邀请有经验的妆娘为演员化妆，能够保证视频中人物的造型质量，减轻拍摄人员的工作压力，如图2-20所示。当然，有些创作者也喜欢自己给演员化妆，因为自己更清楚想要什么样的造型，不过这需要一定的化妆技术。大部分时候，我们建议还是邀请专业的妆娘来给演员化妆。

妆娘提供的服务一般包括整体造型设计、化妆、发型塑造、首饰搭配等。妆娘一般按照造型数量收费。尽管成熟的妆娘可以提供造型设计方案，但是创作者必须要有自己的想法，要有一定的导演思维。因为造型是人物形象呈现的重要组成部分，古风视频的创作者需要提前在脑海里对视频中的人物形象进行设计。造型的灵感来源很多，比如古装影视剧、古风漫画、插画、其他优秀造型师的作品……我们把可以把喜欢的造型截图保存到手机里，以便在拍摄前与妆娘沟通需求，如图2-21所示。

古风视频拍摄需要的道具种类繁多，挑选起来令人眼花缭乱，但归根结底无非两大类：置景道具和随身道具。置景道具是指放置于拍摄场景中不能随身移动的大型道具，比如桌椅、床榻、屏风、古玩陈设等；随身道具是指能够随身携带，根据剧情需要和人物造型等可以随时进行调整的各种小型道具，比如扇子、竹笛、灯笼、首饰等。

古风视频拍摄的道具可以通过购买和租赁获取。淘宝、闲鱼等平台上有各种各样的古风道具可供选择，一些古风摄影棚也会提供古风道具租赁服务。对于古风道具的挑选，有以下几点建议：要尽量符合历史背景，要符合人物身份设定，要和场景、人物造型等视觉元素协调搭配。

图2-20 妆娘给演员盘发

图2-21 拍摄前需与妆娘沟通造型的要求

制作拍摄计划表

当以上的拍摄准备工作告一段落后，我们还需要进行拍摄前的最后一个工作——制作拍摄计划表。该表也叫作"拍摄日程表"，在剧组里叫作"通告单"。尤其当拍摄涉及多个场景时，拍摄计划表就显得尤为必要。因为剧本是按照故事发展的顺序写的，但我们在拍摄时通常会打乱这样的顺序，一个场景里的镜头应尽量一次性拍摄完成，这样可以大大节约拍摄时间和拍摄成本。

比如，笔者拍摄的古风短视频《秦淮八艳·李香君》涉及媚香楼、李香君和侯方域的家、戏台、寺庙等场景。笔者经过调研发现，南京夫子庙就有李香君故居景点，但是这个景点非常狭小，室内光线昏暗，家具陈设部分也设置了围栏，所以非常不利于取景拍摄。后来笔者发现，南京的另外一处景点莫愁湖则非常适合拍摄，如图2-22所示。首先，莫愁湖景区非常大，有亭台楼阁、假山花草，景区里的建筑风格也非常符合明末清初的时代背景。景区中另有一处小院子可以进去拍摄，可作为男女主婚后生活的家的取景地；另外，院中的一座楼阁里光线明亮，可供游客进入室内拍摄，可用作媚香楼的取景地。因此，笔者决定此片的大部分镜头在莫愁湖拍摄。对于片中男女主婚礼的场景，笔者决定在专门的古风摄影棚内搭建喜庆的结婚场景来完成拍摄，如图2-23所示。

图2-22 南京，莫愁湖

图2-23 古风摄影棚

　　另外，在制作拍摄计划表时，也需要考虑到演员的造型和服装，尽量将造型和服装相同的镜头集中到一起拍摄，这样可以节约演员换装的时间，提高拍摄效率。综合衡量各方面的因素后，一份打乱脚本顺序的拍摄计划表就制作完成了。在拍摄计划表中，我们可以注明拍摄日期、拍摄地点、天气情况、工作人员和演员名单等信息，如图2-24所示。将拍摄计划表发送给剧组的所有成员，这样在拍摄日就可以按照拍摄计划表的顺序有条不紊地进行拍摄了。

图2-24 《李香君》拍摄通告单

刚开始接触短视频的拍摄时,场景通常不会这么复杂,造型也不会这么多,但是我们要养成提前统筹的习惯,如图2-25所示。因为随着拍摄难度的增加,以及场景和造型数量的增多,你会发现一份合理的拍摄计划表可以帮你节约大量的拍摄预算。

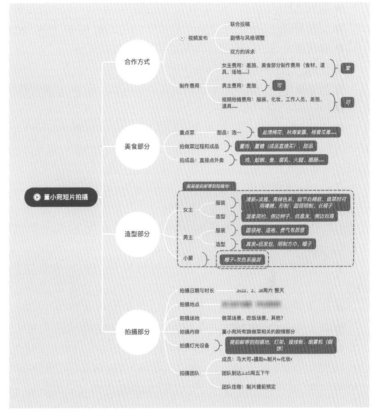

图2-25 《董小宛》拍摄统筹表

做好预算

拍摄计划表完成后,你可能会发现前期购买、租赁服装道具,请演员和妆娘,寻找拍摄场地,已经花了不少钱,拍摄中的交通、吃饭、住宿等还需要花钱,这还没有算上拍摄时的各种器材设备……那么,在古风视频的拍摄中,在哪些地方需要用钱呢? 可以怎样省钱呢?

● **拍摄器材:** 相机、镜头、灯光设备等可租赁,建议一次性投入。

● **演员:** 开始时可以请身边的朋友帮忙,有了优秀的作品后可以与有经验的演员合作。

● **造型:** 按造型数量或者按工作时间收费,建议与妆娘达成长期合作关系,以保证造型质量的稳定。

● **工作人员:** 助理、场务、灯光、收音、剪辑、调色……前期能自己承担就自己承担,很多优秀的古风视频创作者都是会编剧、导演、拍摄、后期的全能型选手。

● **拍摄场地:** 办理旅游年卡可以节约很多成本,寻找一些不收费的景点可能会有意想不到的收获。

- **服装道具:** 如果是常用的, 建议一次性购买, 只用一次的建议租赁。
- **交通费用:** 拍摄团队在实际拍摄中产生的燃油、停车、打车、租车费用
- **餐饮费用:** 拍摄团队在实际拍摄中产生的餐饮费用。
- **住宿:** 如去外地拍摄会涉及住宿费用。
- **后期制作:** 后期制作中的配音配乐, 购买音乐、音效、视频等版权素材的费用。
- ……………

在预算有限的情况下, 创作者可以选择互勉, 即以创作为目的与他人合作, 合作双方互相都不付费用, 产出的作品双方都享有版权和使用权。互勉中, 双方也可以提出自己的特殊需求, 良好的互勉需要双方在合作前进行诚恳详细的讨论。

我们不仅要学会节流, 更要学会开源。刚接触古风视频创作的创作者大都是基于兴趣爱好, 但是拍摄中的各种高昂的开支很难让单纯的爱好者坚持下去。用自己的钱来拍摄, 总会走到山穷水尽的那一天, 所以我们要想办法为拍摄筹措资金。目前, 古风视频创作者的收入来源主要有以下几种。

- 接拍摄单, 包括古风类的照片、视频等的拍摄, 以及汉服商家、汉服活动、走秀等的拍摄。
- 运营自媒体账号, 当账号拥有一定量的粉丝时, 可以接商业推广的单子。
- 开课程, 比如可以将自己掌握的古风视频拍摄知识教授给同样感兴趣的学员。
- 古风视频创作者也可以与一些平台合作, 不少平台都在鼓励优质的古风视频内容创作, 会给优质内容创作者一定的流量和收入保障, 以达到双方互惠共赢的结果。不过, 这样的模式对视频内容的品质要求较高, 适合有成熟经验的创作者。

第 3 章

古风视频的镜头语言

如果说照片是瞬间的艺术，那么视频就是时间的艺术。视频与照片最大的区别，就在于视频可以通过将一个个动态的画面衔接在一起来讲述故事，这就是所谓的镜头语言。古风视频拍摄的镜头语言有其独到之处。

本章将结合古风视频常用的拍摄器材，从构图、景别、角度、运动等方面对古风视频的镜头语言做详细介绍。

3.1 选择拍摄器材

所谓"工欲善其事,必先利其器",在进行古风短视频拍摄前,我们有必要对拍摄器材进行全面的了解。面对种类繁多的拍摄器材,我们应该如何选择呢?

相机和手机

图3-1 微单相机

相机和手机是视频爱好者及入门级的创作者最常使用的拍摄器材。随着科技的发展,手机的视频拍摄功能不断提升,普通爱好者利用简单的设备就能够进行高质量的视频创作。当然,在入门之后,如果想要获得更高质量的视频画面,我们还是得将目光投向较为专业的拍摄器材——相机。

相机一开始是专门用来拍照的,但是后来加入了视频拍摄功能。目前市场上较为主流的几大相机厂商在相机视频拍摄功能的研发上投入了大量的资源,例如佳能、索尼、富士等都研发出了主打视频拍摄功能的相机。

目前有两种比较常见的相机类型可供消费者选择,一种是**单反**,另一种是**微单**。单反凭借完善和强大的拍照功能广受摄影爱好者的喜爱,而微单凭借更多新功能与更加便携轻巧的机身,逐渐成为视频爱好者的首选器材,如图3-1所示。

面对类型繁多、价格不一的相机,刚入门的创作者常常产生"选择困难症"。俗话说得好,"一分价钱一分货"。在自己的预算范围内,选择最贵的相机,显然是不错的选择。但是,除了价格外,不同品牌的相机在画面上会存在一些差异。比如,佳能相机凭借优秀的直出色彩更适合拍摄人像(能更好地呈现肤色),而索尼相机则凭借高感光度非常适合拍摄各种暗光环境。但是随着相机厂商技术的不断完善,这些差距也在不断缩小。创作者可以直接去相机厂商的官网阅读产品说明,尤其是关于视频拍摄部分的介绍,再根据本书中介绍的各类参数和原理酌情选择。

当然,如果不想选择相机也没有关系,拿起每天都在使用的手机,打开摄像头就可以拍摄。了解的设备再多,都不如直接开始拍。只有在实际的拍摄过程中,你才会慢慢发现什么样的设备最适合自己。

镜头

相机必须配备镜头才能使用。当然，有一些相机的镜头是和机身连在一起的。本书所说的镜头主要是用于相机且可更换的镜头。按照焦段（**焦段**指的是镜头焦距的分段。而镜头的成像中心点到成像平面之间的距离，我们称之为焦距），镜头可分为**标准镜头、广角镜头和长焦镜头**。

图3-2 不同焦段镜头的取景范围

不同焦段镜头的取景范围如图3-2所示。

古风短视频拍摄的主体一般是人物，这里介绍两种常用来拍摄古风视频的镜头。

● **35mm或者50mm镜头**。35mm镜头一般被称为标准镜头，但是有时也被认为是广角镜头，因为相较于50mm镜头，35mm镜头能够容纳人物以外更多的环境。35mm镜头是很多人文摄影师喜欢的镜头，因为它能够兼顾人物和环境，交代人物所处的环境。50mm镜头一般被认为是标准的人像镜头，因为用其拍摄的人物完全没有畸变，成像最自然，也最符合人眼的日常视觉感受。相比于35mm镜头，50mm镜头的取景范围更窄，能让观众将注意力更多地集中在人物身上。因此，当需要交代更多的环境、场景信息时，我们可以使用35mm镜头。

● **85mm镜头**。85mm镜头被称为长焦镜头，用该镜头拍摄人物，能够将画面集中在更小的范围内（比如人物的脸部），如果相机进一步靠近人物，还能够拍摄五官等一些细节的特写镜头。而且，长焦镜头配合大光圈，更容易拍摄出主体清晰、背景虚化的画面，非常适合用来呈现古风模特的人物美、动作美、细节美等，并且虚化的背景也更容易突出主体。因此，85mm镜头也是古风视频拍摄中常用的镜头。

35mm镜头与85mm镜头在相同距离和相同光圈下的拍摄效果如图3-3所示。

图3-3 35mm镜头与85mm镜头在相同距离和相同光圈下的拍摄效果

三脚架和独脚架

三脚架是用来支撑相机进行稳定拍摄的重要设备。除了一些特殊主题的拍摄，拍摄过程中画面只要产生轻微的抖动、摇晃，都会被观众察觉。因此，在进行视频拍摄时，画面的稳定非常重要。三脚架能稳定支撑住相机，在拍摄时解放双手，保证画面的平稳。

这里需要注意的是，拍摄视频所使用的三脚架和拍摄照片所使用的三脚架有一些区别。拍摄视频时，我们需要三脚架能配合相机进行适当的移动，比如水平、上下移动镜头。这就需要在三脚架上配置专业的运动设备——云台，也需要有稳定的手柄让拍摄者更好地把控移动方向和速度，如图3-4所示。而专门用来拍摄照片的三脚架一般不会配置云台，或者会配置不太方便运动的球形云台。所以，视频创作者在选择三脚架前，需要留意产品说明上是否写明可以用来拍摄视频。运动流畅的云台和舒适的手柄更容易帮你拍摄出稳定的运动画面。

除了三脚架，还有一种叫作"独脚架"的设备也很常用。独脚架只有一个支撑腿，上端也可以安装各种云台和手柄，如图3-5所示。独脚架因为只有一个支撑腿，所以更轻便，但是稳定性不如三脚架，只能用来拍摄一些机位固定、时长较短的镜头。

图3-4 摄像三脚架（带云台、手柄）和拍照三脚架（带球形云台）

图3-5 独脚架

稳定器

除了三脚架和独脚架，稳定器也是目前视频拍摄中常用的稳定设备。相比于三脚架相对固定的运动方式，稳定器能进行更为多样化的运动，可以拍出具有电影感的运动镜头，如图3-6所示。

图3-6　使用稳定器进行拍摄　　　　　　　　　　　　　　　　　　　　　　图3-7　微单稳定器

根据所承载设备的不同，稳定器可分为相机稳定器和手机稳定器，而相机稳定器又可分为单反稳定器和微单稳定器，如图3-7所示。需要注意的是，所承载的设备越重，对稳定器各个部件的要求越高，稳定器自身的重量也就越重，价格也通常越高。一般而言，无论是稳定器自身重量还是价格，均为**单反稳定器＞微单稳定器＞手机稳定器**。

创作者可以根据自己目前的主力拍摄设备去选择对应的稳定器。

收音设备

电影是画面的艺术，也是声音的艺术。同样，优秀的短视频也离不开声音的加持。古风短视频中的声音通常有以下几个类型。

● 音乐。

● 同期声。

● 配音（对白、独白或者旁白）。

● 音效。

音乐和音效等可以在一些素材网站上寻找，但是同期声和配音需要在画面拍摄工作完成后进行单独录制。

一般在拍摄视频时，无论使用的是手机还是相机，都能进行同步收音。但是，有过拍摄经验的创作者都知道，相机和手机自带的麦克风都属于入门级别的配置，只能满足"听到"的标

图3-8 指向性麦克风与领
夹式麦克风

图3-9 录音笔

准,如果想要获得"好听"的声音效果,我们需要额外配置一些收音设备。

我们可以通过外接麦克风的方式进行收音,这也是最具性价比的收音方式。外接麦克风类型很多,一般使用的是指向性麦克风、领夹式麦克风,如图3-8所示。其中指向性麦克风也就是我们常说的机头麦,通过热靴连接在相机机身上,能够使收音的方向更具指向性,屏蔽掉一部分环境噪声。领夹式麦克风也叫作"小蜜蜂",有发射端和接收端,以无线的方式接收信号。发射端一般别在说话人的衣领上,以便收录更加清晰的人声。

此外,我们也可以通过专业的录音设备进行收音,比如录音机、录音笔等,如图3-9所示。使用这些设备进行收音时,我们会在拍摄视频画面时用相机或者手机的内置麦克风进行同步收音,以便后期进行对口型等操作。录音设备也可以在没有携带拍摄设备时使用,比如单独录制幕后音、独白、旁白等。同样,我们也可以用录音设备录制一些音效,比如在古风视频中,我们可以用录音设备录制流水声、风声、雨声……在后期配上对应的画面,以形成真实、细腻的氛围。

在拍摄剧情类的古风短视频时,通常需要对人物的对白收音,这时创作者可以根据实际情况决定是现场收音还是后期配音。如果拍摄时环境安静,演员的台词功底过关,那么可以进行现场收音。这里建议用挑杆式麦克风进行收音,因为相比于领夹式麦克风,挑杆式麦克风不容易穿帮,方便演员进行表演。当然,我们也可以进行后期配音,但是需要注意,即便选择后期配音,在拍摄时依旧要录下演员现场说话的声音,以便后期剪辑时对口型。

3.2 设置拍摄参数

选择好拍摄器材以后,我们即将拿起设备去拍摄。但无论使用相机还是手机,在视频拍摄前都需要对其参数进行一些设置,这些参数是影响最终画面效果的重要因素。因为手机的拍摄参数通常是智能设置且选择较少,所以这里重点介绍相机的拍摄参数设置。

光圈

光圈是镜头内部控制光线进入镜头的量的一个装置。镜头的光圈大小是可以变化的,人们通常用英文字母F来表示镜头的光圈,用数字来表示镜头光圈的大小。比如我们常说的50mm

定焦镜头,其光圈通常有F1.2、F1.4、F1.8几种。镜头上的光圈值表示这个镜头的最大光圈,比如50mm F1.2镜头的最大光圈是1.2。需要注意的是,数字越小,表示镜头的光圈越大,进光量越多,比如F1.2>F1.4>F1.8。

我们可以通过更改相机上的F值来更改镜头的光圈大小。**在其他参数不变的情况下,光圈越大,进光量越多,画面越亮,**如图3-10所示。因此,在光线较暗的环境中,为了实现正常的画面曝光,我们需要将光圈开大。需要注意的是,镜头的光圈值一般按照固定的数值进行跳跃式变化,比如光圈从大到小,是从F2.8变到F4再到F5.6。而电影镜头则能够实现光圈值的顺滑变化,这种光圈叫作"无极光圈"。

光圈对画面的另外一个重要影响是在景深方面。**景深是指对焦点前后的清晰范围。**在很多唯美风格的古风短视频中,我们经常会见到一些主体(人物)清晰、背景(环境)虚化的画面,这些画面通常给人唯美、朦胧、柔和的视觉感受。在相机与主体之间的距离不变的情况下,要实现这样的浅景深效果,需要我们将镜头的光圈开大。**光圈越大,画面的背景虚化效果越好,景深越浅,**如图3-11所示。反之,如果我们想要拍摄出人物和背景都清晰的画面,就需要将镜头的光圈调小,以实现深景深效果。

快门是相机中控制感光元件曝光时间的一个装置。曝光时间的单位是"秒"。在相机上,我们通常能看到一组分数,比如1/50、1/100……这些数字表示的是快门的曝光时间,1/50指的是相机的曝光时间是1/50秒。尽管这个时间很短,但是相机的感光元件已经能够吸收足够的光线,对画面进行曝光。

图3-10 其他参数不变的情况下,光圈越大(F值越小),画面越亮

F1.4

F4.0

图3-11 同等拍摄距离下,光圈越大,背景虚化效果越明显

在其他参数不变的情况下，相机的快门速度越快，画面的曝光时间越短，画面也就越暗。在拍摄照片时，大多数情况下摄影师会手持相机进行拍摄，那么在较慢的快门速度下，由于手部自然的抖动，摄影师更容易拍下模糊、晃动的画面。因此，在手持相机拍照时，摄影师在保证画面正常曝光的前提下，一般会尽量提高快门速度，以保证画面清晰。

在拍摄视频时，快门速度对画面曝光的影响是一样的。在使用相机拍摄视频时，快门速度会影响画面的清晰度和流畅度。快门速度越快，相机捕捉到的画面就越清晰。拍摄视频时，快门速度一般设定为帧率的两倍的倒数。比如拍摄25帧的视频，我们可以将快门速度设置为1/50秒。

帧率

说到快门速度，就不得不提到视频的帧率，帧率也是我们在挑选相机和设置拍摄参数时经常遇到的一个概念。要知道什么是帧率，我们要先了解一下什么是视频动画。

视频动画其实是由一张张图片连续播放组成的，当一秒钟播放24张图片时，人眼就会认为这是一幅连续的画面。而**帧率，指的就是每秒钟播放的图片数量**，如24帧即每秒钟播放24张图片，60帧即每秒钟播放60张图片，以此类推。数值越大，帧率越高。帧率的高低体现在视频画面上，主要表现为清晰度和运动流畅度的区别。

帧率越高，视频画面越清晰，运动（包括镜头内元素的运动和镜头本身的运动）越流畅，如图3-12所示。随着帧率的降低，视频画面的清晰度会降低，运动镜头也会产生一定的"拖影"，也就是所谓的"运动模糊"，如图3-13所示。当帧率低于24帧时，每秒播放的图片已经不能形成一组连贯的动作，画面会产生卡顿的感觉。低于24帧的视频画面也叫作"抽帧画面"，在一些电影作品中我们能见到这样的画面。

图3-12 帧率越高，模特的动作越清晰

图3-13 帧率越低，模特的动作越快，越容易产生运动模糊

最初为了节约成本，电影行业选用了24帧作为行业标准。时至今日，该标准已经相对落后了，50帧或60帧的视频会给人带来比25帧或30帧的视频更加流畅的观看体验。如今，随着技术的发展，60帧乃至更高的帧率已经成为视频拍摄的常态配置。

高帧率不仅能使视频画面更清晰、更流畅，而且在古风视频的创作中，**高帧率还能让我们获得唯美细腻的慢动作镜头**，如图3-14所示。如果我们使用后期软件，把100帧的素材通过降低播放速度将帧率调整至25帧，那么我们就能得到**慢放4倍**的慢动作效果。

图3-14 高帧率拍摄，可以捕捉到更多的细节（溅起的水花和飞舞的发丝）

当然，不是在所有情况下我们都要追求高帧率拍摄，如今很多电影依旧采用24帧进行拍摄，尤其是在一些运动镜头的拍摄中，比如武打、拳击、赛车等，低帧率带来的运动模糊能够突出速度感和力量感，如图3-15所示。

那么在古风视频的拍摄中，我们应如何设置帧率呢？如果我们想要拍摄唯美细腻的慢动作镜头，那么拍摄时要将帧率设置为50帧以上。帧率越高，镜头动作就能放得越慢，能展示的细节也就越多。如果拍摄一般的剧情镜头，比如人物对白时，我们可以用50帧或者60帧；如果拍摄武打、舞蹈等动作场面，建议使用24帧或25帧，因为运动模糊会让视频画面更具电影感。

图3-15 刺剑动作产生的运动模糊能够突出速度感和力量感

感光度

感光度指的是相机的感光元件对光线的敏感程度，用ISO值来表示。在胶片拍摄时代，感光度指的是底片对光线的敏感程度。到了数码拍摄时代，相机则是通过提高感光元件上的像素点亮度对比度来完成ISO感光度的调整。

在其他参数不变的情况下，ISO值越高，画面的亮度越高。随着越来越多的高感光度相机的出现，我们在环境较暗的情况下也能拍摄出清晰明亮的画面。但需要注意的是，过高的感光度对画质会产生一定的影响，最显著的表现就是画面中的噪点增多，如图3-16所示。因此，拍摄时我们不能一味地通过调高ISO值来获得曝光正确的画面，还可以采用开大光圈、降低快门速度以及使用灯光设备等方法。

一般情况下，针对不同的拍摄环境，我们会设置不同的ISO值。比如在天气晴朗的室外，我们通常把ISO值设置为100~400；在阴天或傍晚，可以设置为400~1600；如果在黑暗的室内和夜间，则需要把ISO值提升至1600~25600。无论使用的是手机还是相机，在进行夜间拍摄时，都建议使用灯光设备进行补光，因为**高光感度必然会带来较多的噪点，从而影响画质**。

图3-16 过高的感光度会给画面带来噪点

白平衡

　　白平衡是指相机在任何光线情况下都能将画面里的白色物体还原为白色。在不同的拍摄环境下，不同颜色的光线照射到物体上，会让物体本身的颜色发生改变，这个时候相机就必须根据环境光线的颜色进行适当调整，以还原物体本来的颜色，这个功能叫作**自动白平衡**。

　　另外，相机里针对一些经常出现的场景配置了不同的白平衡方案，比如日光、阴天、室内、钨丝灯、荧光灯……只要我们根据实际的拍摄环境将白平衡设置为对应的参数，相机就能够智能化地调整画面颜色，还原物体本来的颜色。但是，在有些现场环境光比较复杂的情况下（比如在拍摄古风夜景视频时，画面里经常会有蜡烛、灯笼等光源，同时也会采用LED摄影灯对环境和人物进行补光），相机的自动白平衡和默认的几档白平衡都不能正确还原物体本来的颜色，此时我们就需要根据眼睛的判断来手动调整画面的色温，尽量让画面呈现出人眼观察到的颜色。

　　色温，可以简单理解为色彩的温度，单位为K。不同的光线一般具有不同的色温，比如火焰的色温一般是1700K，日光的色温通常是5000K，电子显示器的光一般是6500K等。需要注意是，**在相机中，色温K的数值越小，画面越冷；色温K的数值越大，画面越暖**，如图3-17所示。这也是相机白平衡的原理，即通过中和环境中光线的色温，来获得正常色调的画面。

相机中的3200K色温　　　　　　　　　　　　相机中的6800K色温

图3-17 不同色温设置下的人像效果

　　理解了色温与光线的关系，我们就可以进行对应的设置。比如在古风视频拍摄中，我们通常会使用蜡烛、灯笼等光源对人物和环境进行照明。蜡烛和灯笼都会发出较黄的暖光，此时人物的皮肤、服装等都会被暖光影响。如果想获得正确的肤色，我们就需要手动调整白平衡。根据色彩冷暖互补的原理，我们只需将相机的色温调高，K值调大，那么相机就能自动中和画面中的暖光。

　　当然，并非所有的画面都需要还原真实的色彩，比如在古风短视频的拍摄中，偏黄偏暖的色调能给人带来古典和回忆的感觉。因此在前期拍摄时，我们可以故意降低画面的色温，来获得想要的色调，如图3-18所示。在拍摄清晨、雪景时，我们也可以提高画面的色温，来获得更加清冷的色彩氛围，如图3-19所示。

图3-18　拍摄夕阳时降低画面色温，画面偏暖

图3-19　拍摄雪景时提高画面色温，画面偏冷

3.3　古风视频构图详解

　　构图在摄影领域主要指画面里各种元素排列呈现的方式。这里需要注意的是,摄影是平面艺术,照片定格的一瞬间,画面中各种元素的位置就固定了,这种构图被称为**静态构图**。而视频是动态的,拍视频时,除了完全静止的物体,画面中的各个元素是一直在运动的,而且摄像机本身也可以一边拍摄一边运动,这就导致构图在时刻发生变化,这种构图叫作**动态构图**。

　　无论是静态构图还是动态构图,都有一些章法可循。尤其对于古风视频拍摄的初学者来说,在还没有能力完成剧情类内容的拍摄时,可以将画面美感的呈现作为拍摄的首要目标。一个优秀的古风视频,一定是**主体(人物)突出、主次得当、布局均衡**的。而巧妙的构图能够帮助创作者阐述自己的想法和情感,使视频内容更具故事性。

三分构图

　　三分构图也可以看作是黄金分割构图的一种引申应用,是初学者在接触拍摄时最常用到一种构图方式。由于接近黄金分割,用三分构图拍摄的画面在视觉上具有和谐平衡的美感。

　　简单来说,三分构图就是在横向和纵向分别用两条线把相机的取景器进行三等分。这4条直线交叉形成的4个点,我们也会称为黄金分割点,拍摄时可以将画面中的主体放置在这4个点上。需要注意的是,我们在具体拍摄时需要结合画面的景别灵活运用三分构图,按照景别从小到大,可以将人物的眼睛、头部、全身放置于画面的黄金分割点附近,如图3-20、图3-21和图3-22所示。

图3-20　三分构图:将人物的眼睛放置于黄金分割点附近

图3-21　三分构图:将人物的头部放置于黄金分割点附近

图3-22　三分构图:将人物全身放置于黄金分割点附近

对称构图

　　对称构图是指以画面居中的点或中线为中心，使画面两边的形状和大小相对一致，且画面中的色彩、影调、结构也都是统一和谐的。对称构图的画面能给人一种**庄重、稳定**的感觉。中国的传统文化讲究四平八稳，大部分中国传统建筑都是对称的。因此，我们在拍摄包含古代建筑的场景时可以多用对称构图，以呈现中国传统建筑对称统一的美感，表现一种沉稳的氛围，如图3-23所示。

　　此外，当画面中有两个人物时，也较常使用对称构图。比如，在拍摄传统婚礼画面时，我们多用对称构图来呈现婚礼的仪式和夫妇二人的动作，表现"成双成对"的好意头，如图3-24所示。在拍摄敌对的两个角色时，对称构图能让画面形成一种对峙感。需要注意的是，在利用对称构图时，大部分时候我们默认画面中的地平线是水平的，一旦地平线或者其他参照物有了倾斜，对称构图的平稳感就会被打破，比如倾斜的对称构图会给敌对的二人增添剑拔弩张的气氛。

图3-23 对称构图的画面给人一种庄重、稳定的感觉

图3-24 双人对称构图

景框构图

　　景框构图就是利用画面中固有的一些"画框"作为前景，透过"画框"去拍摄被摄主体，如图3-25和图3-26所示。中式园林中经常使用"借景"的手法，通过门洞或者花窗去看别处的景物，这些"画框"和景物结合在一起，形成一幅天然的画，这种造景手法与景框构图有着异曲同工之妙。在古风视频拍摄中，我们可以通过使用景框构图，来呈现如诗如画、古色古香的场景氛围。

图3-25 景框构图：利用圆形洞门框住人物

图3-26 景框构图可以营造画面的纵深感

景框构图能把观众的视线自然引向"画框"内,突出主体,同时也能营造出纵深感。需要注意的是,如果画面中的前景离摄像机较近,被摄主体离"画框"较远、在画面中占比较小,画面会形成一种窥视感,如图3-27所示。这时观众仿佛通过一个"画框"来窥视画面中的主体,这种构图方式通常用来表现隐秘、紧张、悬疑的气氛。

图3-27 景框构图可以营造从远处窥视的感觉

消失点构图

在日常生活中,我们在观看物体时,会产生一种"近大远小"的视觉感受,这种现象就是透视。比如同样高的房屋在远处会变得越来越矮,同样宽的道路在远处会变得越来越窄,最终汇聚成一个点,这个点就是画面的消失点,如图3-28所示。

要想使用消失点构图,我们在拍摄时需要寻找画面中的线(不一定是直线,也可以是曲线),比如画面中的道路,蜿蜒曲折的河流,建筑物的柱子、房梁等。这些线在画面中自然会成为视觉引导线,最终汇聚于一个消失点。需要注意的是,消失点可以在画面内,也可以在画面外。利用消失点构图,能够把二维的平面空间变成三维的立体空间,营造画面的空间感和纵深感,如图3-29所示。在拍摄室内空间、道路等画面时,我们可以有意识地利用消失点构图。

图3-28 消失点构图:画面中的栏杆、屋檐、地面的延长线汇聚于一点

图3-29 消失点构图可以增强画面的空间感、延伸感

对角线构图

对角线构图又称为斜线式构图,从字面上很好理解,即将画面的视觉引导线的两端放置在画面的两个对角。绝大多数时候,我们没有必要将画面的视觉引导线的两端严格放置在画面的两个对角上,稍微偏离对角的斜线式构图也可以称为对角线构图。相较于严格意义上的对角线构图,斜线式构图能使画面显得更加自然、舒服。

应用对角线构图要根据不同的景别、不同的角度来寻找画面中隐藏的视觉引导线。它可以是画面中的实体线条,比如倾斜的山坡、旁逸斜出的花枝,如图3-30所示;也可以是人物的肢体动作,乃至光影、色调区分比较明显的隐藏式线条等,如图3-31和图3-32所示。

图3-30 对角线构图

图3-31 利用人物肢体动作进行对角线构图　　　　图3-32 利用光影进行对角线构图

　　在拍摄动作场景时，我们通常会使用对角线构图，比如可以使画面中的地平线倾斜，以表现打斗时的紧张感；还可以将剑和人物的手臂放置在画面的对角线上，从而增强动作的气势和力量感。

　　另外，我们不能为了倾斜而倾斜，需要根据画面中的景物或者人物的动作来合理使用对角线构图。相比于四平八稳的对称构图和中规中矩的三分构图，对角线构图常用于表现运动、流动、倾斜、动荡、失衡、紧张、危险等感觉，如图3-33所示。

图3-33 对角线构图可以增强画面的运动感

地平线构图

地平线构图也叫作"水平线构图"。当画面中出现地面与天空、水面与天空的交接处等明显的地平线时，我们要注意地平线在画面中的位置。通常我们首先要使地平线完全水平，否则画面会形成类似对角线构图的倾斜感，然后我们再根据拍摄内容安排地平线在画面中的位置，如图3-34所示。

当地平线在画面的下部时，天空占据了画面的大部分，这时候画面的视觉焦点自然转到了天空中。该方式适合表现天高云淡、风和日丽的景色，如果画面中有飞鸟、风筝等元素，能自然而然地引导观众的视线。

当地平线在画面的上部时，地面或者水面占据了画面的大部分，这时地面或者水面上必须要有明确的被摄物体来吸引观众的注意，如图3-35所示。否则，平淡的地面或者水面容易使画面显得单调，让观众产生视觉疲劳。此时，水面上的一条鱼、一片落叶，地面上的一朵花，都能够为画面添加趣味性。

图3-34 地平线在画面的下部

图3-35 地平线在画面的上部

当地平线在画面的正中间时，天空与水面（或者地面）各占据画面的一半，这样的画面虽然非常平稳，但是也较为单调。一般情况下，我们较少使用这种地平线构图，除非创作者有特殊的需求。

由于画面元素通常不是单一的，所以我们也常常将多种构图方式结合使用。比如我们可以将消失点构图和对称构图结合在一起，拍出平稳均衡的画面；也可以将三分构图和地平线构图结合在一起，用来拍摄大场景中的主体；还可以将景框式构图和对称图安排在一起，用于拍摄宛如古典画卷的唯美镜头，如图3-36所示。

图3-36 景框式构图+对称式构图

另外，正如前文所说，古风视频的拍摄区别于平面摄影，视频画面的构图通常结合镜头的运动。比如，我们在拍摄舞蹈、武打等运动镜头时，在用三分构图和地平线构图安置好人物后，画面会随着人物的动作不断发生变化。如图3-37所示，黑衣男子挥剑刺出，画面采用对角线构图营造力量感和速度感；相机向后移动，画面由中景变为全景，白衣男子入画，画面变为对称构图，以表现人物关系。

图3-37 一组武打镜头中的构图变化

又如，将镜头缓缓向前移动，穿过画面中的景框，原来的景框构图慢慢演变为消失点构图或者对称构图。这种穿过前景中"画框"的运动镜头，带来了景别和构图上的变化，进一步强调了"往前探视"的意味，这是主观视角镜头。因此，我们在进行古风视频的拍摄时，需要对画面的构图方式、景别、运动方式等多加变化，这样才能增强画面的趣味性，丰富画面内容，如图3-38所示。

图3-38 景框构图演变为消失点构图

3.4 古风视频的景别运用

景别是指被摄主体在画面中所占范围的大小，我们通常以人物在画面中所呈现的范围来对景别进行划分。景别从大到小依次为远景（人物全貌和人物所在环境）、全景（人物全身）、中景（人物膝部以上）、近景（人物腰部以上）、特写（人物肩部以上），如图3-39至图3-43所示。

此外,远景和特写还分别可以延伸出大远景(全面交代环境、人物在画面中几乎为一个点的画面)和大特写(近距离表现人物的眼睛等五官的画面)。在中国绘画中有"远取其势,近取其质"的说法,意思是远近不同的画面所表达的感觉和表达目的是不一样的,这与景别的概念有异曲同工之妙。

图3-39 远景:人物所在的环境全貌

图3-40 全景:人物全身及周围的环境

图3-41 中景:人物的膝盖以上

图3-42 近景:人物的腰部以上

图3-43 特写：人物的肩部以上

远景

　　在远景和大远景镜头中，人物在画面中所占比例极小，有时候甚至已经成为一个点，如图3-44所示。远景镜头通常用来呈现宏大、宽阔的场景，比如山林、沙漠、海面、成群的建筑等。如果想拍摄大远景镜头，可以用无人机进行航拍。在远景镜头中，人物信息已经无关紧要，重要的是呈现环境整体的气势，也就是所谓的"远取其势"，如图3-45所示。

图3-44 大远景镜头：人物在画面中所占比例很小

图3-45 远景镜头用来表现环境的风格和气势

全景

　　全景镜头能够清晰完整地呈现人物的全身和所处环境。因为能够看到人物的全身，所以观众自然会关注到画面中的人物。人物的动作和服饰等信息在画面中能够清晰呈现，同时环境因素也能完整地出现在画面中，如图3-46所示。

　　因此，全景镜头通常用来交代人物和环境的关系，能够帮助观众理解人物的身份设定和气质，如图3-47所示。比如，将人物安置在一片竹林里，自然会让观众联想到江湖、武侠等；而园林

中的女子, 则会让观
众联想到"大家闺
秀"的人物设定。

图3-46　全景镜头可以展示人物的全身

图3-47　全景镜头用来交代人物和环境的关系

中景

　　在中景镜头中, 人物被进一步放大, 周边的环境元素逐渐减少。观众的注意力更加集中在人物身上, 观众能够清晰地看到人物的肢体。因此, 中景镜头适合用来表现人物的动作, 如图3-48所示。比如, 拍摄一个游园的女子, 可以通过一组中景镜头来交代女子的各种动作: 缓缓坐下、凭栏远眺、执扇轻摇……另外, 如果画面中有多个人物, 中景镜头也适合用来表现人物与人物之间的关系, 如图3-49所示, 比如一对情侣之间的温柔亲密, 两位侠客之间的剑拔弩张……需要注意的是, 在中景镜头中, 人物所处的环境依旧重要, 观众依然能够分辨出画面中的环境因素。

图3-48 中景镜头用来表现人物的动作

图3-49 中景镜头可以表现人物与人物之间的关系

近景

在近景镜头中，观众的注意力聚焦于人物的腰部以上，环境信息进一步减少，观众能够清晰地看到人物的上半身动作和面部表情。因此，近景镜头特别适合用来凸显人物的样貌与气质，也就是所谓的"近取其质"，如图3-50所示。

在带有剧情设定的古风短视频中，近景镜头通常作为人物对话部分的主镜头，结合全景镜头和特写镜头，能够形成一组信息完整、视角多变的对话镜头。环境信息在近景镜头中是不全面的，但是依旧能够被观众获取。比如观众可以看到人物背后有一片树叶，但是不能判断人物是身处野外的树林还是园中的树下。

图3-50 近景镜头用来呈现人物的样貌与气质

特写

　　在特写镜头中，人物被进一步放大，人物的局部占据了画面的绝大部分，观众能够清晰地看到人物的细节特征。在特写镜头中，环境信息几乎不可分辨，观众无须去判断人物所处的环境，其注意力会被牢牢锁定在人物的局部。所以在拍摄特写画面时，我们需要格外关注人物的光线、妆容、

表情等因素，是美是丑、是喜是悲，这些在特写镜头中一览无余，如图3-51所示。人物再次被放大，镜头聚焦于人物的五官，这样的镜头被称为大特写镜头，如图3-52所示。大特写镜头被用来强调细节，在古风视频的拍摄中，大特写镜头常用来展示女子上妆时候的嘴唇、眉眼、手指等，非常具有视觉冲击力，如图3-53所示。

图3-51 在特写镜头中可以清晰看到五官、妆容细节

图3-52 大特写镜头非常非常具有视觉冲击力

图3-53 特写镜头并不一定只聚焦于面部

3.5　古风视频的拍摄角度

　　拍摄角度指的是摄像机与被摄物体之间的角度，可分为水平角度（平拍）、仰视角度（仰拍）和俯视角度（俯拍），如图3-54所示。

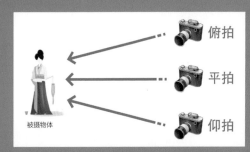

图3-54 3种拍摄角度

平拍

　　平拍是指摄像机与被摄物体处在同一水平线上拍摄。类似人眼向前平视的感觉,平拍能够较为客观真实地呈现被摄物体的本来面貌,在古风视频拍摄中,平拍是最常使用的拍摄角度,如图3-55所示。中国的古典绘画采用的是散点透视,平面感强,画面比较规整、方正。而平拍的画面没有任何畸变和拉扯感,最具有这种感觉,所以平拍是最适合古风视频的拍摄角度,如图3-56所示。

图3-55 平拍的画面方正、规整

图3-56 平拍的画面符合中国古典绘画的散点透视法

仰拍

　　仰拍是指摄像机向上拍摄被摄物体,仰拍的画面带有仰望、崇敬的意味。因为仰拍时画面会产生一定的角度畸变,被摄物体在画面中会被拉高、拉长,有种高大的感觉,如配合使用广角镜头,能够拍摄出具有高大、夸张效果的画面。比如在拍摄古代建筑时,仰拍能更好地呈现古建筑飞檐反宇的特点,如图3-57所示。也正因如此,除非有特殊表达需求,在古风视频拍摄中很少使用仰拍拍摄人物。不过,我们在拍摄全景画面时,通常会结合轻微仰视角度,画面里的人物在视觉上会显得更高一些,如图3-58所示。

图3-57　仰拍适合表现古建筑的飞檐反宇

图3-58　仰拍画面里的人物会显得更高

俯拍

俯拍指的是摄像机向下拍摄被摄物体。俯拍镜头在古风视频拍摄中一般用在以下两处。第一，俯拍镜头结合远景镜头，通常用来交代环境。用无人机拍摄的俯拍镜头叫作俯瞰镜头，拍出的画面有种一览全貌的感觉，俯瞰镜头特别适合用来表现优美、壮丽或者规则感强的环境，比如园林、沙漠、溪流、古建筑群等，如图3-59所示。俯拍镜头结合全景镜头，能够清晰地交代人物和环境的关系，能使观众更加全面地看到环境中的人物动作，适用拍摄有多个人物的环境。

图3-59 俯瞰镜头

第二，俯拍镜头也可以用来表现人物脸部。基于透视原理，用角度较小的俯拍镜头拍摄人物脸部，能够产生"瘦脸"的效果，如图3-60所示。但是切记角度不能过大，否则画面会产生明显的畸变，显得不真实。

图3-60 俯拍人脸会产生瘦脸的效果

另外，如果摄像机完全向上，近乎垂直于地面，拍出的镜头就是大仰镜头。这种镜头一般被用作第一视角，用于表现仰望天空、眩晕的感觉。用大仰镜头拍摄物体，画面具有强调和夸张的视觉效果，如图3-61所示。如果摄像机完全向下，近乎垂直于地面，拍出的镜头叫作顶摄镜头。顶摄镜头向下拍摄地面时，地面上物体的立体感几乎消失，观众只能看到物体的顶部，如图3-62所示。因此，顶摄镜头适用于表现顶部具有一定规律和美感的物体，比如古建筑中四方的天井、圆形的塔尖……当然，因为这些形状具有人工雕琢的痕迹、丧失了自然的美感，所以我们拍摄顶摄镜头时需要酌情考虑。

图3-61 大仰镜头

图3-62 顶摄镜头

3.6 古风视频中的运动镜头

运动镜头也叫作移动镜头，主要有以下3种情况。

● 被摄主体保持不动，摄像机运动。

● 被摄主体发生运动，摄像机保持静止。

● 被摄主体和摄像机在拍摄中都进行运动。

一个运动镜头通常由**起幅、运动、落幅**3个部分组成。在拍摄运动镜头时，不仅要记录运动的过程，还要在运动前和运动后预留几秒镜头稳定的时间，这就是镜头的起幅和落幅，如图3-63所示。这样做是为了给后期剪辑留下空间，以防画面之间的组接过于仓促。

运动镜头结合画面构图、景别和角度的变化，并且通过后期剪辑拼接，能够给观众带来丰富多彩的视觉变化，这种变化是平面摄影无法具有的。

另外运动镜头的速度也会对画面的节奏和情绪产生较大影响。

图3-63 运动镜头的3个组成部分

古风视频中运动镜头的类型

古风视频也较多使用运动镜头,尤其是在一些舞蹈、武打等主题的作品中,运动镜头能够带来强大的视觉冲击力。古风视频的运动镜头主要有以下几个类型。

● **推镜头**。拍摄推镜头有两种方式:一是摄像机向前移动,逐渐靠近被摄主体,如图3-64所示;二是摄像机保持不动,通过改变镜头的焦距来拉近画面。无论采用哪种方式,推镜头主要是为了强调和突出画面中的被摄主体。

图3-64 推镜头

● **拉镜头**。拉镜头的拍摄方法跟推镜头正好相反,可以通过向后移动摄像机和改变镜头焦距(从长焦端拉至广角端)来实现,如图3-65所示。拉镜头能够将被摄主体所处的环境逐渐展现出来,起到交代空间的作用。将拉镜头放置在画面结尾处,能够营造一种豁然开朗或者余韵悠长的情感色彩。

图3-65 拉镜头

● **摇镜头**。摇镜头是指摄像机位置保持不变,镜头跟随被摄主体在水平或者垂直角度进行旋转式的拍摄,如图3-66所示。摇镜头类似人眼上下左右环绕观看的感觉,因此利用摇镜头拍摄的画面带有很强的主观视角意味。另外,在相对局促的环境中,摇镜头能够较为全面地展现被摄主体和环境,有种第一视角"浏览"的感觉。急速的摇镜头叫作"甩镜头",甩镜头甚至会产生画面模糊,这种模糊也会加强镜头内部的节奏感,常出现在悬疑片段或者武打戏份中。

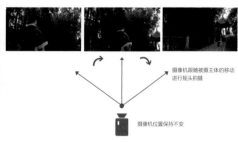

图3-66 摇镜头

● **移镜头**。无论被摄主体是否移动,摄像机始终处于运动之中,这样拍摄出来的镜头就叫作移镜头,如图3-67所示。移镜头在运动速度、距离、方向等方面都具有较大的自由度,除了可以前后移动,还可以上下移动,也可以围绕被摄主体进行环绕式的拍摄(环绕镜头)。移镜头带来的是更加自由灵活的运动效果,能够让观众产生身临其境的感觉。借助稳定器、无人机等拍摄设备,我们可以拍摄出移动范围更大的移镜头。

● **跟镜头**。跟镜头是指摄像机跟随画面中的被摄主体进行拍摄,被摄主体在画面中的位置相对保持不变,如图3-68所示。跟镜头是移镜头的一种特殊情况。摄像机可以在被摄主体的背后跟、前面跟、侧面跟。由于被摄主体始终处于画面内,观众能够清晰地看到被摄主体的动作、运动方向和运动速度,有种身临其境之感。从背后跟随被摄主体进行拍摄,能让观众有种跟随主人公参观的感觉,能起到交代环境、调动观众参与感的作用。

图3-67 移镜头

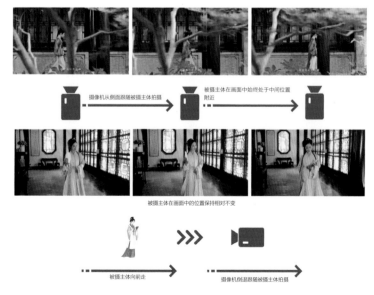

图3-68 跟镜头

● **升降镜头**。升降镜头是指升降设备使摄相机在垂直方向上移动，进行向上或向下的拍摄，如图3-69所示。升降镜头一般会结合俯拍或者仰拍，拍摄时一般需要借助摇臂、无人机等。古风视频中的升降镜头一般用来交代环境，利用无人机在空中进行升降拍摄，可以展现出拍摄环境的规模、气势和氛围。

摄像机在高处略微俯拍被摄主体

摄像机垂直向下移动并平拍被摄主体

图3-69 升降镜头

拍摄运动镜头的常用设备——稳定器

除了特殊表达需要，一般视频拍摄中的运动镜头都要求画面平稳、运动流畅，因此需要借助专业的设备。这些设备主要有三脚架、滑轨、摇臂、稳定器、无人机等。很多读者都是初次接触视频拍摄，因此这里重点介绍初学者最容易上手的拍摄设备——稳定器。

稳定器全名为三轴稳定器，根据所承载设备的不同又分为相机稳定器和手机稳定器，这两种稳定器在操作原理和手法上是一样的。

三轴稳定器的三轴分别是指的是**俯仰轴、航向轴和横滚轴**。俯仰轴控制稳定器的纵向角度变换，航向轴控制稳定器的左右旋转，而横滚轴控制稳定器的横向滚动。三轴配合起来使用，能拍摄出几乎所有角度都平稳移动的画面。

用稳定器拍摄不是一蹴而就的，需要在日常的拍摄中不断练习，以下几点建议能帮助你使用稳定器拍摄平稳流畅的画面。

● 仔细阅读稳定器的使用说明书。市面上绝大部分稳定器除了在产品包装中附带纸质说明书外，还有对应的电子说明书等可供用户随时查看。另外，网络上也有很多官方和影视从业者发布的各种使用稳定器教程和技巧。所谓"工欲善其事，必先利其器"，在上手拍摄前，我们必须对稳定器的使用方式和功能有较为全面的了解。

● 提前查看拍摄场地，模拟运动轨迹。坑洼的地面、复杂的路况、来往的行人、演员的动作都可能影响我们拍摄运动镜头。正式开拍前拿着稳定器走一遍运动路径，让演员提前过一遍动作，可以做到心中有数，如图3-70所示。

● 在拍摄过程中尽量保持呼吸平稳，膝盖自然弯曲，身体重心降低，双脚匀速、缓慢移动，如图3-71所示。如果需要大幅度快速移动稳定器，可以屏住呼吸、一气呵成。可以利用自身体姿势增强稳定器的稳定性，比如尽量让手臂贴紧自己的身体，将手柄抵在自己的腹部等。

图3-70 拍摄前需要规划好稳定器的运动路径

图3-71 使用稳定器时要降低身体重心,平稳移动双脚

在古风视频中,稳定器可以用于以下几种场景的拍摄。

1. 跟随画面中的人物拍跟镜头

摄影师可以在人物的背后跟着拍,可以在人物的正前方倒退着拍,也可以在人物的侧面跟着拍,还可以以人物为圆心环绕着拍。这种全方位、多角度的跟随拍摄多用于交代主角的出场,表现画面中人物的主角地位,也可以全面交代人物所处的环境,如图3-72所示。

图3-72 使用稳定器从不同角度跟随人物拍摄

2.在人物转身、回眸等时刻拍拉镜头

人物先背对着镜头,在人物转身的同时稳定器向后移动,拉开距离,呈现更大的画面,交代更多的环境内容,如图3-73所示。这样的拉镜头常用在一组画面的结尾,给人一种余音绕梁的回味感。如果将人物放置在逆光环境中,再配合升格慢动作、镜头俯仰角度的变化,能够拍出非常唯美动人的画面,让观众对人物产生深刻的印象。

图3-73 使用稳定器拍摄人物转身、回眸等动作

3.拍摄人物有激烈和快速的运动的画面

比如在拍摄人物奔跑的镜头时,可以使用稳定器进行全方位的跟随拍摄;在古典舞蹈场景的拍摄中,可以用稳定器进行多角度、多景别的移动拍摄,增强舞蹈画面的丰富性;另外在武打场景中,稳定器能帮助我们更好地呈现人物的武打动作,增强武打画面的可看性,如图3-74所示。

奔跑　　　　舞蹈　　　　武打

图3-74 稳定器的常见使用场景:奔跑、舞蹈、武打

古风视频运动镜头案例详解

1.奔跑镜头拍摄

使用稳定器拍摄奔跑中的人物有一些小技巧。除了从人物正面、背面及侧面进行多角度、全方位的跟随拍摄以外,在拍摄侧面跟随镜头时,可以让人物和摄像机之间隔着一层前景,比如树林、建筑物,同时利用长焦镜头将焦点锁定在奔跑的人物身上,这时候前景会因为运动模糊产生强烈的变形和虚化,从而增强画面的速度感和运动感,如图3-75所示。

图3-75 隔着前景跟随拍摄

如果在空间较窄的环境中拍摄,可以使用广角镜头进行后跟和正跟拍摄。因为广角镜头能够容纳更多空间,画面的边缘也会产生一定程度的畸变,在狭窄空间中使用广角镜头拍摄运动镜头,画面周边的景物也会产生运动模糊和畸变,从而增强运动感,如图3-76所示。

让人物在奔跑时向后看，此时摄像机仿佛拍摄的是人物身后追逐者的第一视角，能进一步强化画面中的紧张氛围。此外，在跟随拍摄时也可以进行景别的切换，可以用近景镜头拍摄人物的面部表情，也可以用特写镜头来呈现人物的脚步，如图3-77所示。

图3-76 狭窄空间使用广角镜头跟随拍摄

中景：人物半身　　　　　　　特写：人物脚步　　　　　　　远景：人物全身剪影

图3-77 多景别拍摄奔跑镜头

2. 舞蹈镜头拍摄

古典舞蹈也是古风视频中常见的拍摄内容。古典舞蹈通常节奏舒缓、姿势柔美，所以在拍摄古典舞蹈时，稳定器的运动范围和运动幅度都不宜过大。同时，多角度、多方位拍摄舞者的动作时，可以通过切换不同镜头的焦距，也可以通过稳定器的前后运动，来完成景别的改变，如图3-78所示。镜头俯仰角度的变化也会带来视觉上不一样的效果，而稳定器可以把多种运动方式结合在一个镜头中，产生丰富多变的画面节奏。

首先，我们把相机架在稳定器上，用仰拍把镜头聚焦在舞者竖起的手部上，此时为特写镜头。在舞者开始舞动双臂的同时，把稳定器向后拉并改变稳定器的俯仰轴角度，变仰拍为平拍，此时画面变成中景镜头。

仰拍·特写·手部动作　　　　仰拍·近景·半身　　　　　平拍·中景·半身

图3-78 古典舞蹈拍摄中的景别和角度变换

在拍摄舞者的旋转动作时，我们可以手持稳定器，以舞者旋转的反方向环绕舞者进行拍摄。这种环绕镜头能加强舞者旋转动作的速度感。如果舞者此时身着宽大的裙装，我们可以用俯拍镜头呈现舞者如花般盛开的裙摆，如图3-79所示。

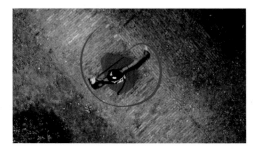

图3-79 俯拍舞者的旋转动作

3. 武打镜头拍摄

武打镜头是较为复杂的运动镜头。许多武打动作看起来很复杂，令人眼花缭乱，其实在拍摄时有规律可循。

武打镜头的拍摄可以从单人单一动作开始。比如人物手持长剑向前刺出这一动作。我们在拍摄时可以从多个角度、不同景别拍摄同一个动作，如图3-80所示。在后期剪辑时，我们可将这一动作拆解成前半部分、中间部分和后半部分。因此，我们需要拍摄到动作的起幅和落幅，保证这一动作的完整度，这样画面在后期剪辑拼接时才能流畅自然。

全景·刺剑前　　　　　　　　　　　近景·刺剑中　　　　　　　　　　　中景·刺剑后

图3-80 多景别、多角度拍摄单一动作（刺剑）

在拍摄武打镜头时，我们可以手持稳定器，往与人物动作相同的方向运动，也可以往与人物动作相反的方向运动。比如让人物向前刺剑，我们可以向后退，模拟剑刺向敌人，敌人被逼后退的感觉；也可以向前推进镜头，增强刺剑的速度感。这里有一个小技巧，摄像机的运动方向与人物的运动方向相反，能够增强速度感。

在拍摄双人或者多人武打动作时，首先需要将动作分解，明确打斗双方的招数流程，然后分组进行拍摄。在拍摄过程中，同一动作需要重复几次，以便从多角度、多景别进行拍摄。表演武打动作的演员务必对动作熟悉，以防后期剪辑时，因动作不一致，导致前后动作接不上。对于打斗双方交锋的动作，可用广角镜头拍摄全景和中景镜头，让观众清楚看到双方的动作；在动作起势和收势的时候，可以用中长焦镜头拍摄近景和特写镜头，让观众看到演员的表情、姿势等细节，如图3-81所示。

1近景·女主拔剑　　　　　2远景·女主跑向男主并出剑　　　　　3特写·男主脸上剑光闪烁

4中景·男主隔档开女主的剑　　　5近景·女主眼神，准备再次攻击　　　6全景·俯拍 女主再次刺向男主

7特写·男主的发带被剑挑开　　　8特写·发带飘落地上　　　9全景·女主收剑 两人对立

图3-81 一组武打动作的景别和角度分解

　　此外，参数的设置也有一定技巧。使用高帧率拍摄升格镜头，也就是慢动作镜头，能够让观众看清动作的细节；使用25帧以下的帧率能够拍摄出具有"电影感"的运动镜头。低帧率拍摄快速移动的物体能够产生运动模糊，能够加强动作的速度感。我们只需要记住，如果想要体现动作的快速、凌厉，就用低帧率拍摄；想要拍摄慢动作，就用高帧率。

第 4 章

古风视频的用光

摄影与摄像是光线的艺术。对于摄影师来说，光线就像画家手中的画笔，有了光，摄影师才可以创作出绚丽多彩的画面。古风视频拍摄的用光有着独特的风格，在学习如何用光之前，我们有必要对一些常见的灯光设备和光线原理进行了解。

4.1 常见的灯具和照明辅助设备

拍摄古风视频时为什么需要使用灯光设备？首先，光线决定了画面亮度，在室内、阴天、夜间等光线不足的情况下，灯光设备能够让我们自如拍摄；其次，日常生活中的光线来源较多、方向复杂，具有不确定和不可控性，如果想要获得明亮干净、层次分明的画面，需要进行人工布光；再者，光线可以对人物进行美化修饰，提升画面质感；最后，灯光设备还可以帮助我们模拟一些特殊的氛围，比如在古风视频中常见的带有烛光、灯笼等场景的拍摄，以及雷雨闪电等特殊天气的拍摄，就可以借助灯光和相应的道具来实现。对于初学者来说，以下几种灯光设备性价比较高，比较容易操作。

便携拍摄灯具

● **冰灯。** 冰灯是一种棒状的摄影灯，因此也叫作灯棒，如图4-1所示。

冰灯的发光元件是LED灯珠，这种灯珠点亮后不会产生热量，因此冰灯长时间使用后不会发热发烫。冰灯因为体积小、价格相对较低、携带方便等特点，目前已经成为广受短视频创作者喜爱的灯具。目前市面上的大部分冰灯都支持色温调整，能够产生冷暖不同的光线。不过，因为体积小、发光面积不大，所以冰灯不适用于大范围的环境补光。在古风短视频的拍摄中，我们一般使用冰灯对人物的面部进行补光，如图4-2所示。

图4-1 冰灯　　　　　图4-2 使用冰灯对人物的面部进行补光

● **便携式LED摄影灯。** 该灯具的发光元件跟冰灯一样，也是LED灯珠，它能够使用外置充电电池。常见的便携式LED摄影灯主要有两种形态——LED聚光灯和LED平板灯，如图4-3所示。LED聚光灯是用一个大灯珠作为点光源，所以能够发射出较为聚拢的光线，加上灯头前遮

图4-3 LED聚光灯和LED
平板灯

扉(一种用于遮挡光线、塑造光线方向的叶片)的调整,发出的光线具有较强的方向性,适用于塑造被摄主体的轮廓。LED平板灯是将若干个小灯珠有序排列在一个平板上作为光源,因此发出的光线较散、方向性较弱,适用于小场景和人物面部的均匀补光。这两种便携式LED摄影灯基本都能够自由调节光线的冷暖,以满足不同环境、不同氛围的拍摄需求。

● **口袋灯**。口袋灯的发光元件也是LED灯珠。因为其体积很小,能装进口袋,所以被叫作口袋灯,如图4-4所示。

口袋灯除了用于小范围的布光以外,主要用于特定场景和氛围的营造。目前绝大部分口袋灯除了能够自由调节光线的冷暖以外,还带有RGB彩灯功能,能够发出五彩斑斓的有色光,满足一些特定场景的拍摄需求,比如可以用蓝色光来模拟夜间的氛围。另外,口袋灯通常也自带一些灯光效果预设,能够给拍摄环境营造特殊氛围,比如不停闪烁的烛火、突然出现的闪电、红蓝光交替闪烁的警车灯……在古风短视频的拍摄中,我们常使用口袋灯的烛火效果来营造古代室内的场景氛围,如图4-5所示。

图4-4 口袋灯

图4-5 用口袋灯模拟新娘脸上跳动的烛光

室内拍摄灯具

图4-6 太阳灯

● **太阳灯**。太阳灯也是一种LED灯,如图4-6所示。太阳灯光线亮度较高,体积相对较大,不易携带,一般用于专业摄影棚或者室内拍摄。太阳灯发出的光线较散,是一种散射光,亮度较高,因此太阳灯多搭配柔光罩或者柔光箱使用,以产生出大面积柔和的散射光。也正因为这样的特点,太阳灯的身影较多出现在美妆、服装的广告、直播间等拍摄环境中。在古风短视频的拍摄中,我们可以使用太阳灯对室内环境进行基础照明,提高整个空间的亮度。这就像化妆时通常会先给皮肤均匀地上一层粉底，然后再叠加其他颜色的彩妆，我们用太阳灯为后续的布光打下一个亮度基础。不过，太阳灯的光线一般只有一种色温，如果想改变色温，需要搭配色纸。

● **大功率LED摄影灯。**该灯具可分为大功率LED平板灯和大功率LED聚光灯，其特点和前面所描述的便携式LED摄影灯一样。大功率LED摄影灯，尤其是大功率LED聚光灯可以作为室内场景的主光，如图4-7所示。聚光灯能够在被摄物体上产生较强的阴影，此时被摄物体的立体感较强，如果不想要阴影较重、立体感较强的画面，可以通过柔化光线以及用辅助光照亮阴影等方法来减弱画面的明暗对比，实现柔和照明的效果。当然，大功率LED摄影灯也可以用于室外拍摄，不过因其体积较大、重量较重，并且需要配置外接电池，所以需要更多的工作人员。

图4-7 大功率LED摄影灯充当场景的主光

● **钨丝灯。**钨丝灯的发光元件是钨丝，这种元件在点亮后会随着使用时间的增加产生较多热量，因此钨丝灯在使用时的一个显著特点就是易发热发烫，如图4-8所示。不过，钨丝灯相比于LED灯价格相对较低，同样功率的LED灯价格比钨丝灯高很多。钨丝灯发出的光线色温是固定的3200K，非常暖，如果想要改变色温，需要增加色纸。另外，钨丝灯的灯泡容易损坏，属于易耗品，使用时需要多备几个灯泡。尽管如此，钨丝灯因其较强的显色性在专业的影视拍摄中广受欢迎。钨丝灯的光线较集中，在古风视频拍摄中，我们可以使用钨丝灯模拟太阳光，也可以用钨丝灯塑造被摄物体的轮廓。将一盏钨丝灯放置于人物的侧后方，能够照亮发丝、肩部，清晰勾勒出人物的轮廓，营造层次分明、唯美逆光的画面，如图4-9所示。

图4-8 钨丝灯　　　　　　图4-9 用钨丝灯勾勒发丝与轮廓

照明辅助设备

在视频拍摄过程中,除了必要的灯具,我们也需要利用一些其他设备来辅助照明,以达到更好的画面效果。

1. 柔光设备: 柔光罩/柔光箱/柔光纸

柔光设备,顾名思义就是柔化光线的设备,而在购买柔光设备之前,我们需要了解什么是软光和硬光。前面提到,使用LED聚光灯照亮被摄物体时,能在物体的背光面形成明显的阴影,这样的画面看起来对比强烈,被摄物体的立体感能够被很好地呈现出来。这样的光线就被称为"硬光",如图4-10所示。

反之,当光线是较为柔和的散射光线时,被摄物体上产生的阴影不明显,画面中的光线显得柔和、平均,这样的光线就被称为"软光",如图4-11所示。使用柔光设备就是为了让较硬的直射光变成较软的散射光,从而减弱被摄物体表面所产生的阴影。

图4-10 硬光效果

图4-11 软光效果

在古风视频的拍摄中，常见的柔光设备有柔光罩、柔光箱、柔光纸。这些柔光设备大部分都是用白色不透明或者半透明的布（纸）制作而成，用于放置在不同的灯光设备前来柔化光线，如图4-12所示。需要注意的是，柔光设备在柔化光线的同时，也会降低光线的亮度。因此，在使用柔光设备时候，我们需要提高灯光设备的亮度，以保证画面能够正常曝光。

图4-12 柔光纸可以让光线变得更柔和

2. 反光板

无论是室外拍摄还是室内拍摄，反光板都可以说是最常使用的照明辅助设备。

对于熟悉拍照的人来说，反光板一定不陌生，尤其在进行外景拍摄时，只需利用自然光再配合反光板，就能获得令人惊喜的画面效果，如图4-13所示。反光板的作用在于提升画面中阴影部分的亮度，降低画面的明暗反差和对比度，使被摄物体受光面和背光面的光线均匀。

图4-14所示的这种五合一反光板是我们在拍摄中较常使用的补光工具之一。将折叠的反光板展开后，能够用银色面、金色面、白色面进行补光，最中间的半透明柔光面还可以起到柔光作用，黑色面可以起到挡光、吸光的作用。这种功能强大的反光板广受摄影师的喜爱。

图4-13 使用反光板对人物面部进行补光

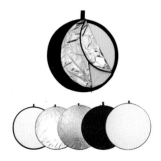

图4-14 五合一反光板：白色面、银色面、金色面、黑色面、柔光面

另外，白色泡沫反光板也在拍摄中常用，如图4-15所示。在影视剧组中，这种白色泡沫反光板被称为"米菠萝"。这种反光板反射的光线更加柔和，适用于在阳光下拍摄的补光；而这种反光板的银色面因为反射光线的效率较高，适用于在阴天对人物面部进行补光，同样能够形成非常柔和均匀的画面。

图4-15 白色泡沫反光板（米菠萝）

3. 遮光/挡光设备

想要充分实现预期的照明效果，我们不仅需要打光，也需要遮光。一个好看的画面一定是曝光正确同时又主次分明的，画面中需要有亮的地方，也需要有暗的地方，只有明暗对比和谐，才能在二维的视频画面中呈现出三维空间的立体感。遮光/挡光设备的作用就在于约束光线的照明范围，使光线照射到需要照亮的地方，遮挡不需要照亮的地方的光线，如图4-16所示。

图4-16 使用遮光设备拍摄的画面

比如，在对环境中的人物进行补光时，我们需要让光线集中在人物身上，让人物的亮度始终高于环境的亮度，这样人物在环境中能更加突出。如使用LED聚光灯进行拍摄时，光线难免会对人物身后的背景产生影响，我们可以对光线进行遮挡，使其尽量集中在人物身上。较为常见的遮光/挡光设备有灯具前的遮扉（图4-17）、反光板的黑色面、黑旗（黑色的板子，专门用来遮光）等。

图4-17 灯具前的遮扉可以调整光线照射的范围

4. 色纸

　　色纸是一种带有颜色的半透明状塑料材质的纸，将它放在灯具前面，能够改变光线的颜色。色纸在古风短视频拍摄中主要可以用于以下情况。

　　● 改变灯光的色温。如果我们想要使用暖光，但是现场又没有暖色的灯具，那么我们可以将黄色的色纸放在发白光的灯具前，这样灯具发出的光线就会变暖。反之，如果我们身边只有暖光的灯具，但想用冷白，那么我们可以将蓝色的色纸放在灯具前，根据色彩中和的原理，这样灯具发出的光线色温会变高，变为冷光。

　　● 在一些特殊场景，我们需要在环境中制造有色光，以增强场景氛围，比如用蓝色的光来模拟夜晚的感觉，如图4-18所示。在古风视频拍摄中，我们可以将蓝色色纸放在灯具前，蓝光投射在窗户、地面等会给场景带来一种清冷的氛围，自然让人联想到夜晚。在夜晚的外景拍摄中，我们同样可以用蓝光照射背景，以增强夜晚的氛围。

图4-18 用蓝色色纸来模拟夜晚的感觉

5. 氛围制造小工具

相比于其他类型的短视频，古风视频更追求氛围和意境的营造。在使用灯具进行照明的时候，有一些小工具可以帮助我们制造更加唯美柔和的光线效果。

烟饼点燃后会产生大量的白色烟雾，常用于制造特殊的光效。我们知道，光线本身是看不见摸不着的，但是当空气中有了合适的介质之后，我们便能够看到光线的形状，这种现象叫作丁达尔效应，如图4-19所示。烟饼燃烧后形成的白色烟雾充当了空气中的介质，因此，当我们想要清晰捕捉光线形状时，不妨在场景中放烟。

图4-19 燃放烟饼制造丁达尔效应

另外，当我们在光线较为昏暗的场景进行拍摄时，如果没有足够的灯光照明，场景的暗部在画面中会变得"死黑"，完全没有细节。虽然可以提高感光度或者在后期编辑时提高画面亮度，但是这会使画面产生一定的噪点，影响画面质量。此时，我们可以在场景中放烟来丰富暗部细节，降低画面的对比度，烟雾能够让暗部不至于"死黑"，也能获得不错的画面效果。不过，烟饼点燃后烟雾较大、味道较重，烟雾量也不太容易控制，所以一般适用于外景拍摄。在室内拍摄时，我们可以使用烟雾机替代烟饼，如图4-20所示。烟雾机一般用于舞台表演时制造氛围，但是因为具有味道小、价格低、烟雾量可以自由控制等优点而受到摄影师们的喜爱。在室内打光拍摄时，烟雾机能达到和烟饼一样的效果。

图4-20 烟饼和烟雾机，以及使用烟雾机拍摄的画面

　　镜面纸能够反射大量光线，将强光照射在镜面纸上能产生反光。如果在镜面纸的表面制造一些褶皱，并且使用动态的光线进行反射照明，就能够形成如水面上波光粼粼的效果。拍摄时可以用镜面纸营造这种波光粼粼的感觉，以增强画面的氛围感，如图4-21所示。

图4-21 用镜面纸营造波光粼粼的感觉

多棱镜能够对光线进行折射，光线以某一角度进入多棱镜中，能够投射出彩虹般的光效。在女子闺房梳妆等场景中，用多棱镜将七彩光线投射在珠翠头饰上，能形成璀璨华丽的视觉效果。将多棱镜放在镜头前，模糊的前景能够自然晕开光线，制造朦胧柔美的气氛。如果身边没有多棱镜，我们可以用一张透明塑料纸替代。很多商品的外包装都有这种透明塑料纸，将其揉搓一下制造出褶皱，然后放于镜头前，能达到同样的效果，如图4-22和图4-23所示。

图4-22 将透明塑料纸放在镜头前可以拍摄出梦幻朦胧的画面

图4-23 将透明塑料纸放在镜头前拍摄出来的画面

对于初学者来说，灯具的成本相对较高，我们不妨以**冰灯和反光板**的组合来进行初期的打光训练：在拍摄光线充足的外景时，只需要使用反光板提亮人物脸部阴影；在拍摄内景和光线不足的外景时，使用一盏冰灯来提高人物脸部的亮度。等积累了一定的打光经验后，再购买更多的灯具。

4.2　自然光拍摄

对古风视频中常用的灯具和照明辅助设备有了一定的了解之后，我们便可以开始尝试进行布光了。不过，灯光设备的增加意味着拍摄成本的提高，初学者不妨利用日常生活中最常见的免费光源——阳光进行打光练习。将阳光作为主要光源的拍摄叫作自然光拍摄。

虽然阳光是免费的，但是它却是多变和难以控制的，不同的天气、不同的时间、不同的拍摄角度等都会使阳光发生变化。此外，古风短视频的拍摄剧组不像专业的摄制组，拍摄外景时可以借助大量专业灯光设备来保证拍摄的可持续性。通常情况下，我们只能依靠阳光并结合反光板和少量的灯光设备来完成拍摄，基本上可以说是"靠天吃饭"。因此，我们需要提前做好准备，对影响自然光拍摄的各类因素有充分的认知和了解。

拍摄时间："黄金时间"、上午和下午、正午

阳光不是24小时供应的，自然光拍摄只能在白天有阳光的时刻进行。不同的拍摄时间，所带来的画面氛围是不一样的。

1. 黄金时间

黄金时间是指一天中日出后的一小时和日落前的一小时，在这个时间段内，太阳处于靠近地平线的位置，由于角度较低，阳光会使地面的景物投射出较长的阴影。前面我们提到，阴影是塑造画面立体感的关键，因此此时环境中的景物最具有立体感。

另外，清晨和傍晚时分光线的色温不同于其他时刻。清晨太阳刚刚升起，夜晚的感觉还没有完全消退，此时的阳光色温较高、色调偏冷。傍晚太阳即将落下，阳光的色温较低、色调偏暖，温暖的阳光为大地笼罩上一层暖黄色，此时景物和人物都会被包裹在这样的氛围中。因此，"黄金时间"，尤其是傍晚广受摄影师的喜爱，此时进行拍摄最容易"出片"，如图4-24所示。

图4-24 黄金时间拍摄的画面

在黄金时间进行拍摄有以下几点需要注意。

● 黄金时间非常短暂,转瞬即逝,因此我们需要做好充分的准备。比如,需要了解日出日落的具体时间,目前大部分天气预报APP都具有此功能,如图4-25所示。尽量在拍摄前一两天去实地查看拍摄场地。

● 拍摄当天提前1~2小时到达拍摄现场,提前做一些拍摄准备工作,比如调整演员的妆发服装、让演员提前进入拍摄状态。可以试拍几条片段,边拍边等待黄金时间的到来。

● 尽量选择在山坡、水边、高台等遮挡物较少的地方进行拍摄。黄金时间的阳光角度较低,在遮挡物较少的地方进行拍摄,能够充分利用这段时间的光线,如图4-26所示。

● 尽量使用逆光和侧逆光进行拍摄,人物背对阳光,阳光投射在人物背部,会在人物身体和发丝边缘勾勒出一道轮廓光,使得画面更有层次感,如图4-27所示。但是因为背光,此时人物的面部较暗,因此必须使用反光板对人物的面部进行补光。

● 把相机的白平衡设置为手动模式,因为此时光线变化较快,自动白平衡会导致前后素材中的画面变化较大。

● 使用相机中的点测光对人物脸部进行测光,因为此时场景的光比较大,环境亮而脸部暗,如果对环境进行测光,人脸容易曝光不足。当然,我们也可以对背景的天空、落日等进行测光,压暗人物脸部,形成剪影效果,如图4-28所示。

图4-25 在天气预报APP中查看日落的时间

图4-26 选择在高处(桥上)进行拍摄

图4-27 使用逆光进行拍摄

图4-28 对天空进行曝光，形成剪影效果

● 如果相机有拍摄灰片的功能，建议使用log模式进行拍摄。因此此时场景的光比过大，画面中的高光部分容易丢失细节，使用对比度、饱和度较低的log模式进行拍摄，后期在剪辑软件中再进行还原，能够保留更多画面细节。

2. 上午和下午

上午和下午包括了一天中的大部分时间。由于拍摄视频比拍摄照片所需要的时间更长，因此我们不能只盯着早晚的黄金时间，也应充分利用上午和下午这段时间。如果是晴天，阳光色温恒定，均匀照射在地面上，物体经过阳光投射产生的阴影比较自然，没有黄金时间里产生的阴影强烈。因受光均匀，此时画面里无论是景物还是人物，都能够获得平均的曝光，色彩明艳，画面看起来真实自然。此时进行创作，无论是顺光、侧光还是逆光拍摄，都能获得不错的画面效果。

在上午和下午拍摄有以下几点需要注意。

● 尽量避免烈日暴晒的天气进行拍摄。这种天气的阳光较为强烈，光线较硬，物体产生的阴影也会比较重。如果一定要在这种天气下拍摄，尽量选择在树荫、屋檐下等有遮挡的地方拍摄，如图4-29所示。

图4-29 尽量选择在屋檐下等有遮挡的地方进行拍摄

● 多使用侧光、侧逆光拍摄。尽管顺光能全面照亮人物脸部，但是因为缺少阴影，所以人物会丧失立体感和层次感。侧光和侧逆光能够增强人物的立体感，如图4-30所示。

● 适当对人物进行补光。因为此时人物和背景的受光比较均匀，人物在环境中不容易突出，适当对人物进行补光，能够让人物从背景中凸显出来。如果阳光较强，可以用反光板对人物整体进行补光；如果拍摄特写镜头，也可以用冰灯对人物脸部进行补光，如图4-31所示。

图4-30　使用侧光、侧逆光拍摄

图4-31　使用冰灯或反光板对人物进行补光

3. 正午

如非特殊情况，尽量避开在正午进行外景的拍摄。正午时阳光几乎垂直于地面，由于是顶光照射，地面上景物的阴影角度非常小。此时人物处于顶光照射的环境中，光线会使人物脸部的眼窝、鼻翼下产生难看的影子，形成非常奇怪的视觉效果。如果非要在正午进行拍摄，可以尝试以下几种解决办法。

● 选择阴天等阳光不强烈的天气进行拍摄。此时外景环境中的光线为散射光，尽管是正午，物体的阴影也会比较淡。这时候只需要从下往上打反光板，抵消人物面部的阴影，就能获得不错的画面效果，如图4-32所示。

● 如果必须在晴天的正午进行拍摄，可以寻找阴影处进行拍摄。比如在古风视频的取景中多见亭子、水榭、檐廊等，正午时分我们可以选择在这些建筑下进行拍摄；也可以选择在树荫下拍摄，阳光透过树叶会产生光斑，这些自然的光斑会增强场景的氛围感，如图4-33所示。不过，需要时刻注意这些光斑对人物脸部的影响，不要导致过曝。

图4-32 阴天的正午，光线会比较柔和

图4-33 正午时在树荫下拍摄，用树叶的光影增强氛围感

● 可以使用柔光设备对人物头顶的阳光进行处理。柔光板或者柔光屏能够把直射的阳光变成柔和的散射光，能够消除人物脸部绝大部分因为顶光产生的难看阴影，如图4-34所示。不过，这种操作不仅需要更大面积的柔光板或者柔光屏，也需要其他工作人员帮忙举板，此时画面也更容易穿帮，所以适合用于拍摄近景特写画面。

尽管正午的光线有很多缺点，但是也并非要完全避开。在拍摄水边的场景时，正午的光线能够更深地射入水中，使水显得更加清澈透明，此时人物位于水边，能够产生清晰的倒影，如图4-35所示。

图4-34 用扇子充当柔光板，柔化正午时直射在脸上的光线

图4-35 利用正午的光线可以获得更加清晰的倒影

不同天气的拍摄：晴天、阴天、雨天、雪天、雾天

初学者在进行自然光拍摄时，大多数都会期待遇上一个晴朗的天气。晴朗的天气确实会给我们的拍摄过程带来很多的便利，但是例如雨、雪、雾等特殊的天气情况，却能给我们的作品带来一些意想不到的效果，增强画面的可看性和丰富性。

1. 晴天

晴天光线充足、日照时间长，白天可利用的拍摄时间长。在晴天，我们可以针对不同的拍摄主题、拍摄内容，合理安排一天中的拍摄时间。不过，在拍摄时还是要尽量避开光线较强的正午时刻，选择画面氛围感更强的清晨和傍晚的黄金时刻。在晴天拍摄时还需要注意以下几点事项。

● 在拍摄环境或者带有人物的大场景时，较强的阳光会在物体上产生明显的反光，尤其当画面中有大面积的水面等时。这时候我们可以使用偏振镜来消除一部分反光，提高画面色彩的对比度和饱和度，如图4-36所示。

● 由于光线较强，为了确保画面正常曝光，我们通常会缩小光圈或者提高快门速度。不过，很多时候我们想要利用大光圈来获得背景虚化的浅景深效果，但又要维持画面的帧率，不能提高快门速度。这个时候，我们就需要使用减光镜来为画面减光，如图4-37所示。

● 在室外尽量选择在树荫、屋檐、亭台、走廊等遮光处进行拍摄，同时要注意对人物脸部进行补光，以免背景太亮而过曝，人脸太暗而欠曝的情况发生，如图4-38所示。

图4-36 用偏振镜来消除水面的反光

使用减光镜前　　　　　　　　　　　　　使用减光镜后

图4-37 使用减光镜前后效果对比

　　● 在拍摄人物的近景、特写镜头时，可以使用柔光设备来柔化强烈的阳光。在古风视频的拍摄道具中，常见一种半透明材质的真丝伞，让人物手持这种真丝伞挡住直射的光线，能够起到柔光板的作用，如图4-39所示。

图4-38 尽量选择在树荫、屋檐、亭台、走廊等遮光处进行拍摄

图4-39 使用半透明的真丝伞来柔化强烈的阳光

2. 阴天

阴天时的云层宛如一块天然的巨大柔光屏，阳光经过云层会形成非常柔和的散射光线。在阴天的光线下，物体产生的阴影非常柔和，适合拍摄柔美自然风格的古风短视频。阴天拍摄时需要注意以下几点事项。

● 阴天的光线较弱，整体环境较暗，必须使用反光板对人物进行补光，使人物从背景中凸显出来，如图4-40所示。

● 阴天的散射光虽然柔和，但是也容易导致画面缺少立体感，因此必须更加注意画面的构图、色彩搭配。在对人脸进行补光时，可以使用侧光、斜侧光等增强立体感，如图4-41所示。

● 在拍摄全景画面时要注意天空的变化。如果天空的云层连成一片，那么镜头应尽量少展示天空，否则灰蒙蒙的天空会使画面显得单调乏味，如图4-42所示。如果天空的云层飘浮多变、层次丰富，那么镜头可以适当多展示天空，为画面增添生气。

图4-40　阴天的拍摄效果

图4-41　阴天在人物后方增加逆光，增强画面的层次感

图4-42　阴天拍摄应尽量避开缺乏层次的天空

3. 雨天

雨天是一种常见的天气,我们不能因为下雨就放弃拍摄。经过充足的准备,我们在雨天也能拍出让人满意的画面。

● 雨天因为有云层的遮挡,光线显得昏暗,必须用反光板、冰灯等设备给人物脸部补光,如图4-43所示。

● 应在屋檐下、建筑物的窗边等地进行拍摄,这样不至于淋湿设备,也能够拍摄到雨天的氛围。如果要拍摄雨中的场景,需要让模特使用油纸伞等,如图4-44所示。

图4-43 雨天拍摄必须给人物脸部补光

图4-44 使用油纸伞

● 雨滴是透明的,在镜头里很难看清,我们可以将树木、建筑等深色物体作为拍摄雨滴时的背景,如图4-45所示。同时,使用逆光、侧逆光照亮雨滴。

图4-45 将深色物体作为拍摄雨滴时的背景

● 应在下小雨时或者雨刚停的一段时间进行拍摄, 如图4-46所示。大雨不仅会增加拍摄难度, 并且在取景时雨水连成一片, 很难拍出雨滴坠落的感觉。

● 多拍摄空镜、特写、细节画面来营造氛围感, 如图4-47所示, 比如淅淅沥沥的雨滴、植物上滴滴答答的水珠、雨水打在水面上形成的圈圈涟漪……有条件可以拍摄慢动作镜头, 以进一步渲染雨天的情绪氛围。

图4-46 在下小雨时或者雨刚停的一段时间进行拍摄

图4-47 雨水打在水面上形成的圈圈涟漪

4. 雪天

雪天适合拍摄浪漫唯美或者肃杀萧条的画面, 漫天飞舞的雪花非常适合古风视频的创作。在雪天拍摄需要注意以下几点。

● 雪天的光线更加昏暗, 需要使用反光板、冰灯等设备给人物补光, 如图4-48所示。

图4-48 雪天拍摄需要补光

098

● 当大雪覆盖地面的时候，周围的一切都笼罩上了一层白色，此时需要十分注意画面的曝光。全白的场景非常容易过曝，我们可以在画面中寻找深色的物体，比如水面、建筑物、植物等来平衡画面的曝光。正所谓"黑"才能衬托"白"，深色的背景也更能凸显雪的洁白，如图4-49所示。

● 雪天的光线是散射光，在雪天拍摄的画面立体感较差。如果想要拍摄雪花的形态，就需要寻找深色背景，并使用逆光和侧逆光进行补光。

● 使用慢动作镜头多拍摄空镜和特写镜头可以增强雪天的氛围感，如图4-50所示。

图4-49 使用深色背景衬托雪花

图4-50 雪花慢镜头

● 可以使用长焦镜头拍摄雪中的人物。长焦镜头能够压缩前后景，镜头前的雪花经过虚化能带来更加朦胧唯美的气息，如图4-51所示。

● 注重画面色彩的搭配。雪天的光线比较昏暗，场景的色彩比较单调，我们可以通过服装、道具的搭配来丰富画面。比如，我们可以让模特身穿红色的斗篷，这样既符合冬日的氛围，也能够带来白茫茫中一点红的视觉效果，如图4-52所示；我们也可以选择在雪天的傍晚进行拍摄，此时光线呈现出一种冷色调；我们还可以让模特手提一盏发出暖光的灯笼行走在雪地中，冷暖对比能带来强烈的视觉冲击，使画面更具可看性和趣味性。

图4-51 使用长焦镜头拍摄雪中的人物

图4-52 雪天模特的服装搭配

5. 雾天

当水蒸气在空气中凝结成细密的小水珠时，雾就产生了。和雨雪天气一样，雾天也能带来一些特别的氛围。在照明辅助设备小节里我们介绍了烟饼在视频拍摄中的功效，其实雾是一种天然的类似烟的介质。当光线穿过雾时，能清晰呈现出自身的轮廓和形状。在雾天拍摄有以下几点建议。

● 雾多在夜间形成，清晨最为明显，随着太阳升起、温度升高，雾会渐渐消失。因此，要拍摄有雾的场景,需要抓住日出后的黄金时间。

● 在场景中寻找光源进行拍摄。在大雾笼罩的环境中,物体的轮廓变得模糊,清晰度下降,此时画面较为平淡;当有光线射入雾气中时,能产生一条条光束,能够丰富画面的层次。

● 如同雪天一样,在大雾的笼罩下,场景四周都是白茫茫的一片,画面能见度较低,此时需要寻找深色的背景来衬托雾气。所以,如果要拍摄雾,尽量选择山谷、树林、竹林等植被茂密的自然环境,如图4-53所示。

图4-53 选择植被茂密的自然环境拍摄雾

光照角度:顺光、侧光、逆光

古风视频以人物为被摄主体,根据光源、人物和相机所处的位置,我们可以将光照角度分为顺光、侧光和逆光。图4-54所示为顺光拍摄效果。

图4-54 顺光拍摄效果

1. 顺光

人物面对相机，光源从人物正前方照射，此时相机与光源位于同一方向，这样的光照角度叫作顺光，如图4-55所示。在顺光环境下，人物的面部几乎不会产生阴影，人物的影子会位于人物的身后。因此，如果想要获得平整、均匀的面部照明效果，可以使用顺光进行拍摄。但是在阳光较强的晴天和灯光亮度很高的时候，要尽量避免顺光拍摄，否则人物可能会因强光而睁不开眼睛，过亮的光线也会使画面显得比较生硬，此时可以使用柔光设备对强光进行柔化。顺光拍摄时画面中的元素被均等的光线照亮，因为受光均匀，所以画面色彩的饱和度较高，但是因为没有明显的阴影，所以画面显得比较平，缺少立体感。

图4-55 顺光灯位图和效果图

我们在进行顺光拍摄时应尽可能选择有光影效果的场景，比如可以利用婆娑的树叶、雕花的门窗受到光线照射后产生的斑驳光影来给画面添加生动的气息，如图4-56所示。

在拍摄人物面部的近景、特写镜头时，可以用伞、扇子等遮挡物来对照射在面部的光线进行柔化，如图4-57所示。当参差斑驳的光影投射在人物面部时，能为画面增加一些明暗不定的氛围感。

图4-56 顺光拍摄时，可利用前景制造斑驳的光影，增强氛围感

图4-57 顺光拍摄时,可以用伞等物品对照射在人物面部的光线进行柔化

2. 侧光

人物面对相机,光源避开人物正前方及正后方,以一定夹角对人物进行照射,这样的光照角度叫作侧光,如图4-58所示。

图4-58 侧光灯位图和效果图

根据光源的位置,侧光又可以细分为斜侧光、正侧光和侧逆光。**斜侧光**是一种较常使用的光照角度,光源一般位于人物前方45度角左右的位置对人物进行照明,此时人物的鼻翼、下巴等处会产生自然的投影,如图4-59所示。斜侧光照射下的人脸具有一定的立体感,画面中的其他元素受光也相对均匀,具有一定的层次感。

摄影中有一种光效叫作伦勃朗光,当光源以45度且稍微高于人脸的角度照亮人脸时,会使背光一面的眼下产生一个明显的三角形光斑。伦勃朗光就是典型的斜侧光,如图4-60所示。

图4-59 斜侧光照射下，鼻翼、下巴处会产生明显的投影　　图4-60 伦勃朗光

当光源位于人物的侧面，以90度角照射人物时，这样的光照角度叫作**正侧光**，如图4-61所示。在正侧光的照射下，鼻子正中间会形成一道非常明显的明暗分界线，受光面亮度较高，而背光面亮度较低，此时的人脸立体感最强，明暗对比最为明显。

图4-61 正侧光灯位图和效果图

在古风视频拍摄中，我们一般追求柔和明丽的人物面光，因此较少使用正侧光来拍摄人物脸部。不过，这种半明半暗的光影效果带有一种诡异和阴郁的气息，如果想要拍摄悬疑恐怖主题的古风视频，正侧光就很合适，如图4-62所示。

图4-62 正侧光适用于拍摄悬疑恐怖主题的古风视频

当光源位于人物背后45度角左右的位置照射人物的时候，这样的光照角度叫作**侧逆光**，如图4-63所示。在侧逆光的照射下，人物的脸部绝大部分都处于阴影中，但是会在受光的一侧形成一道非常明显的亮光，如图4-64所示。

图4-63 侧逆光灯位图和效果图

图4-64 侧逆光照明下的人脸

此时，如果人脸微微转向受光面，亮光区域逐渐增大，会形成靠近相机一侧的脸较暗，靠近光源一侧的脸较亮的视觉效果。在这样的光效下，人脸的立体感非常强烈，只要在背光面进行适当的补光，就能够形成非常立体的"瘦脸光"效果，如图4-65所示。

图4-65 侧逆光照明的"瘦脸光"效果

3. 逆光

人物面对相机,光源移动到人物身后,以与相机相反的方向照射人物时,这样的光照角度叫作逆光。在逆光的照射下,人物正面完全处于背光面,形成剪影效果,如图4-66所示。

图4-66 逆光灯位图和效果图

逆光拍摄时,如果整体环境较暗,人物脸部较黑,想看清人物的脸部细节,则必须对脸部进行补光。逆光会使人物的头部和身体边缘形成一道高亮的轮廓线,如图4-67所示,类似于绘画中的"描边"效果。它能够把人物从背景中分离出来,使画面层次感较强。

在古风视频拍摄中,人物所穿的衣服很多是半透轻纱材质的。在逆光的照射下,这些衣服能够透过更多光线,形成清透明亮的视觉效果,人物的立体感和轮廓感也会更强,如图4-68所示。

图4-67 逆光具有"描边"的视觉效果

图4-68 逆光可以凸显衣服的半透明材质

本节主要讲述如何利用自然光进行古风短视频的拍摄。在进行自然光拍摄时,太阳基本充当了场景的主光源,因此我们进行外拍时,需要充分掌握天气、日出日落等情况。人物与太阳、相机的位置不同,也就造成了顺光、侧光、逆光等不同的光照角度,因此除了提前查看天气预报,我们还可以利用相关APP来精准查看太阳的位置、角度等,以便更好地把握阳光,拍摄出令人满意的画面。

4.3 人工布光拍摄

当拍摄经验不断积累,购买的灯光设备不断增多,我们可以尝试进行人工布光拍摄。在室内、夜晚等照明不足的情况下进行人工布光拍摄,能够突破"靠天吃饭"的局限性。

三点布光法

古风视频的被摄主体是人物,学习使用灯光对人物进行照明是我们学习布光的第一步。三点布光法是一种容易上手的布光方法,能够快速使人物在画面中产生立体感,获得相当不错的画面质感。三点布光法中的三点是指主光、辅光和轮廓光,其平面图如图4-69所示。

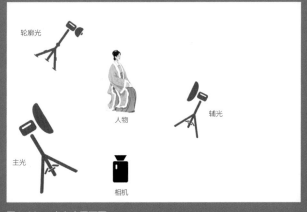

图4-69 三点布光平面图

1. 主光

主光是指画面中照亮人物的主要光线。上一节提到，斜侧光是能够塑造人物脸部立体感的光线，因此，我们一般将主光安置于人物的斜侧光位置，如图4-70所示。需要注意的是，主光是场景中亮度最高的，其他类型的光线不能盖过主光，因此我们需要使用较大功率的灯光设备来充当主光，当然在拍摄外景时，主光也可以是太阳光。

图4-70 主光现场图和效果图

2. 辅光

辅光也叫作辅助光。当主光从斜侧光位置照射人物，会在人物的另外一侧形成一些阴影，正所谓有光必然有影，光影、明暗使画面具有立体感和真实感。但是，如果阴影过重，人物就会显得对比较强，背光面因为缺少照明也会丧失一些细节。此时，我们需要用另外一个较弱的光源对人物的阴影进行补充照明，以提高背光面的亮度，恢复更多的色彩和细节，这样的光线就叫作辅光，如图4-71所示。辅光的作用在于辅助照明阴影，因此亮度不能超过主光。在外景拍摄时，我们可以用反光板反射阳光作为辅光，来照亮人物的阴影。

图4-71 辅光现场图和效果图

3. 轮廓光

从人物的背后向前照明，使人物的头部、躯干等的边缘形成一道鲜明的高光，将人物的轮廓勾勒出来，起到类似绘画中的"描边"效果的作用，这样的光线叫作轮廓光，如图4-72所示。轮廓光能快速将人物从背景中分离出来，一般采用逆光或者侧逆光的位置，并且尽量将位置放低，这样勾勒出的轮廓会更明显。在选择灯具时，应尽量选择光线较硬的聚光灯，聚光灯照射下的轮廓会更明显。在外景拍摄时，我们也可以将阳光作为轮廓光，太阳接近地平线的黄金时间是拍摄轮廓光的最佳时机。

需要注意的是，主光、辅光和轮廓光并非在每一个画面中都要严格进行设置。三点布光法只是一种人像布光的思路，并不是要每次都带上3盏灯进行布光。我们可以只用主光+辅光或者主光+轮廓光进行拍摄，也可以只用轮廓光来塑造剪影效果。大家使用三点布光法时要随机应变、灵活运用。

图4-72 轮廓光现场图和效果图

室内布光拍摄

古风视频的室内拍摄一般是在古典风格建筑物内部或者古风摄影棚内进行。在室内拍摄时，我们不仅要把人物身上的光打好，也要注重场景的布光，呈现具有古典美的室内光线氛围。

1. 在古典风格建筑物内部拍摄

在一些景区，比如影视城、古建筑等我们可以找到古代室内的场景，在这些地方进行取景拍摄需要注意以下几点。首先，了解景区的拍摄规定。不同景区的拍摄规定是不一样的，有的允许随意拍摄，有的不允许使用三脚架拍摄，有的可以使用灯光设备进行拍摄，也有的规定拍摄需要提前报备或者额外收费。在允许拍摄的情况下，我们也无法像成熟的影视剧组那样携带大量的灯光设备进去拍摄，而古典风格建筑因为建筑构造的原因大多室内光线昏暗。因此，如果要到这样的地方取景，建议选择晴天光线充足时，在室内让人物站在靠近窗边、门口等光线充足的地方，尽量借助室外的自然光进行照明，并使用反光板、冰灯等补充照亮人物面部，如图4-73所示。

另外，我们也可以使用灯笼、蜡烛等古风类的道具对人物面部进行补充照明，这样还能增添场景的气氛。在建筑物内部进行拍摄时，要尽量避免拍摄大场景，因为如果没有大型的灯光设备，室内光线昏暗，拍摄的画面噪点较多。

如果要拍摄景别较大的画面，我们可以通过寻找自然的光影效果来丰富画面，比如阳光透过花窗投射在地面上的光影，从门缝里射进来的一束光……这样的光影效果能够使画面显得生动活泼，也富有古典气息和氛围。

2. 在古风摄影棚内进行布光拍摄

古风摄影棚是专门用来拍摄古风题材用品的摄影棚，棚内会配置桌椅、床榻、屏风、纱帘等古典风格的家具，也会配备大量的灯光设备，便于租客进行拍摄，如图4-74所示。由于拍摄需要，古风摄影棚内的家具等装置一般都是可以自由移动的，在这样的场地内进行布光拍摄具有非常大的自由度，我们可以天马行空地发挥自己的想象力，拍摄出自己喜欢的古风视频。

图4-73 借助窗外的自然光照明

古风视频是一种风格非常鲜明的视频形态，画面既要追求美感，也要追求真实感。如果说对人物打光是为了烘托人物的美，那么对场景进行布光就要充分考虑环境的真实感，尽量使其符合古代的场景设定。在古风摄影棚内布光要遵循以下原则。

● 古代室内没有现代的各种照明设备，所以一般都不会太亮。

● 古代的照明设备一般就是灯笼和蜡烛，其光线均为暖色调。

图4-74 可以自由置景和布光的古风摄影棚

● 除了宫殿，古代建筑整体都比较低矮，从窗户、门口投射进室内的光线角度一般较低，在室内形成的阴影较长。

在古风摄影棚内布光可以按照以下顺序进行。

首先确定场景的主光。拍摄棚内日景时，我们将从室外穿过门窗投射进室内的光线作为场景的主光，如图4-75所示。拍摄夜景时，将场景中的蜡烛、灯笼等的光线作为主光，这样比较符合真实的古代场景。如果门窗能够打开，我们就可以"借光"，将阳光引入室内。但在大部分情况下，我们会将一盏功率较大的灯具放置于门窗后，因为古代的门窗大多以纸或者纱进行裱糊和装饰，所以主光经过门窗后会自然柔化。

其次确定辅光的位置。辅光最好来自室内真实的光源，比如桌上的蜡烛、灯笼等，如图4-76所示。如果这些道具亮度不足，无法提供整个场景的辅光，我们可以在相同的位置放一盏灯，提亮补充这些光源所发出的光线。

主光模拟窗外照射进室内的阳光，是整个场景中最亮的光线

图4-75 布置主光

辅光模拟桌上的蜡光，提升人物暗部的亮度

图4-76 布置辅光

再次对人物面部光线进行调整。人物始终是拍摄的重点，我们可以使用冰灯、反光板对人物面部进一步补光，从而让人物从环境中凸显出来，也可以使用轮廓光快速将人物从背景中分离出来，如图4-77所示。

最后在场景中制造背景光和氛围光。可以用一盏灯照射在格栅、屏风、花窗等装饰物上，让斑驳的光影打在墙壁、地面上，如图4-78所示；可以用口袋灯、氛围灯制造闪烁的烛火效果，进行局部的点缀，如图4-79所示；可以透过纱帘等半透明的装饰物，打出柔美朦胧的逆光。另外，也可以使用烟雾机在场景中适当放烟，以进一步渲染场景的氛围。

在古风摄影棚内进行拍摄时，需要注意用电安全，比如需要注意钨丝灯、红头灯这些灯具在长时间使用后会发热发烫。而棚内的木质家具、布料等属于易燃物，非常容易引发火灾，如非必要，尽量不要使用明火。

我们可以将口袋灯或者小灯泡放置在灯笼里，模拟灯笼发出的光线，也可以使用非常逼真的电子蜡烛来替代真实的蜡烛，如图4-80所示。

轮廓光来源于人物身后的灯笼，将人物和背景分离

图4-77 布置轮廓光

在另一盏灯前放置树枝，在背景墙上打上树影

图4-78 布置背景光

添加跳跃的烛光，营造朦胧梦幻的场景氛围

图4-79 布置氛围光

图4-80 电子蜡烛

夜景布光拍摄

如果你的拍摄经验越来越丰富，想要迎接新的挑战，不妨开始尝试夜景拍摄。夜景拍摄对相机和灯光的要求会更高，但是不用担心，借助一些技巧，我们能够轻松拍摄出观感不错的夜景画面。

"床前明月光，疑是地上霜""野旷天低树，江清月近人"……古诗词中对夜晚场景的描写不计其数。当太阳落山，清冷的底色笼罩大地，环境中的任何一丝光线都会被夜色衬托得更加温暖、鲜明。在进行古风视频的夜景布光拍摄时，我们依旧要追求场景的真实感，需注意以下几点原则。

首先，古风视频的夜景中不能有各种现代的设施，否则会穿帮；其次，无论是室内夜景还是室外夜景，整体环境都不可以太亮，因为古代没有车灯、路灯、霓虹灯这样的现代灯光，夜晚的主要光线来源是月光、蜡烛、灯笼等；另外，进行夜景布光拍摄时要注意使用的灯光的色温，比如模拟烛光等火光时需要使用低色温的暖光源，模拟清冷的月光时可以使用高色温的冷光源。

1. 室外夜景拍摄

室外夜景拍摄可以在天还没有完全黑的傍晚进行，如图4-81所示。进行夜景拍摄时，如果我们没有更多的灯具进行补光，相机就会记录下更多噪点，影响视频的画质。当太阳落山后，天空还有一定的亮度，这时候整个外景环境不会太黑。此时我们只需要用少量的灯具对人物进行补光即可，后期可以在剪辑软件中进一步压暗环境，以凸显夜晚的氛围，同时不至于产生较多噪点。

进行室外夜景拍摄时，尽量选择颜色鲜明的场景作为拍摄背景，如图4-82所示。因为夜晚光线昏暗，画面里物体本身的颜色饱和度很低，不容易被相机记录，画面显得较为平淡，如果场景本身的颜色鲜明，只需要有适当的光线，就能够被相机捕捉到。

图4-81 趁天还没有完全黑的时候拍摄夜景

图4-82 选择色彩鲜明的场景作为拍摄背景

夜景画面容易显得沉闷阴暗，需要我们寻找或者人为制造一些"高光"。比如，水面容易反射光线，我们从逆光的角度用一盏灯照射水面，能使水面上形成波光粼粼的效果；将相机的光圈开大，水面的波光能够虚化为美丽的光斑，使画面有更多的生气，如图4-83所示。

夜晚的花朵也是古风视频中常见的拍摄内容。用逆光从花丛的后方向前照射，能够更好地勾勒出花朵的形态，半透明的花瓣在逆光的照射下也会显得更加轻盈通透，如图4-84所示。

图4-83 在水面上制造"高光"，增加画面的生气

图4-84 使用逆光拍摄人物和景物

在室外夜景的拍摄中，环境光一般使用冷光，人物光一般使用暖光，这样拍摄出来的画面具有冷暖对比的效果，也更加符合夜晚的氛围，如图4-85所示。

在对夜景中的人物进行补光时，要尽量使用侧光。侧光能够使人脸形成一定的明暗反差，更加符合灯笼、蜡烛等点光源照射人脸的效果，如图4-86所示。

图4-85 环境光用冷光，人物光用暖光

图4-86 使用侧光对人物进行补光

如果环境允许，可以通过燃放烟饼来丰富画面的阴影层次，让画面的阴影不至于太黑，如图4-87所示。

因为镜头的构造特殊，当我们将镜头对准光源进行拍摄时，会产生一些影响画质的眩光，也就是很多摄影师提到的"鬼影"。这种现象在拍摄夜景时尤为明显，拍摄时我们可以通过使用遮光罩、避开直射光源等方法进行规避，如图4-88所示。

图4-87 适当燃放烟饼来丰富阴影层次

图4-88 注意控制画面中的眩光

2. 室内夜景拍摄

室内夜景布光的主光一般为透过窗户的月光，也可以是来自室内的蜡烛、灯笼等。需要注意的是，现实生活中的月光是没有颜色的，但是在观众的印象中，月光是冷光，蜡烛、灯笼发出的光是暖光，如图4-89所示。

轮廓光
在人物背后添加轮廓光，增强画面的层次感

主光
用蓝色光模拟照进室内的月光

辅光 在人物暗部添加暖光，以提亮面部阴影

图4-89 室内夜景的布光

古代的照明设备一般位置较低，所以我们不能把灯具架得过高，如图4-90所示。

如果室内环境过于昏暗，我们可以使用一盏同色温的灯补充辅光照亮阴影部分，丰富室内暗部的细节，如图4-91所示。

图4-90 灯具不宜架得过高

图4-91 使用辅光丰富室内暗部的细节

　　在对人物进行补光的时候，我们可以用侧光来营造立体感，如图4-92所示。

　　进行室内夜景拍摄要更加注意环境光和氛围光的点缀。月光本身是没有颜色的，但是在影视创作中一般使用蓝色光来模拟月光，如图4-93所示。因为蓝色光符合夜晚清冷的氛围，契合观众对于夜景的心理感受。因此，我们可以将蓝色色纸加在灯头前打出蓝光，然后将光源放置于场景中的门、窗、屏风、纱帘等能够透光的装置后面，模拟月光投射进室内的感觉。

图4-92 用侧光来营造立体感

图4-93 用蓝色光来模拟月光

　　我们也可以使用口袋灯的烛火效果制造模拟烛火摇曳的光效，增强夜景的氛围感，如图4-94和图4-95所示。

图4-94 使用烛火效果增强夜景氛围1

在进行室内夜景拍摄时, 我们通常不需要把整个场景照亮, 如图4-96所示, 否则可能会丢失古代场景的真实感。很多初学者在拍摄古代室内场景时, 会一股脑把所有灯光都打上, 这样的场景仿佛是在刺眼的灯光下摆满了中式家具的现代茶室, 缺少了一丝古典的韵味和氛围。

图4-95 使用烛火效果增强夜景氛围2

图4-96 夜景布光时需要注意对整体亮度的控制

4.4 用光线来美化人物

如非特定需要, 大部分时候我们都希望视频中的人物是美的。然而没有人的外形是完美的, 不过摄影师却可以像魔术师一样, 用光线为人物施展光影"魔法", 使视频中的人物呈现出更加完美的视觉形象。

与美颜效果媲美的打光

"温泉水滑洗凝脂""手如柔荑, 肤如凝脂"……古典诗词中不乏对美人光滑皮肤的描写。在古风视频拍摄中, 我们也期望呈现出细腻平滑的皮肤质感。尽管我们可以通过前期化妆和后期处理来掩盖皮肤的瑕疵, 但是光线也可以帮助我们在拍摄中实现美颜效果。以下几点拍摄建议有利于我们获得更好的皮肤质感。

1. 将散射光和柔光作为人物主光

散射光属于软光, 非常柔和。当散射光照射到物体表面时, 产生的阴影非常淡, 阴影的边缘也非常模糊, 视觉上会使物体表面显得更加平滑。阴天的阳光经过云层遮挡, 形成自然的散射光, 因此阴天拍摄出的人物皮肤会更加平整光滑, 其与晴天的效果对比如图4-97和图4-98所示。当使用灯具为人物提供主光时, 我们可以将柔光纸、柔光板等放在灯头前, 以起到柔化光线的作用, 如图4-99所示。在古风摄影棚内进行拍摄时, 我们可以借助屏风、窗纱等装置来柔化主光。

图4-97 晴天的直射光会使脸上有明显阴影

图4-98 阴天的散射光不会在脸上产生明显阴影

图4-99 柔光纸让光线变得更柔和

2. 使用低角度辅光提亮面部阴影

前文介绍过，使用斜侧光最有利于呈现人物脸部的立体感，此时光线会在人物的鼻翼、眼窝、嘴角等处形成一些投影。另外，当人物的皮肤状态不佳时，斜侧光会使眼下、嘴角处形成如黑眼袋、泪沟、法令纹等纹路，这些纹路所在的地方恰好和主光投射产生的阴影位置重合，阴影进一步加深了这些纹路，如图4-100所示。

图4-100 未使用反光板的画面效果

我们可将辅光（或反光板）放低，以稍微从下往上的角度对人脸的阴影进行补光。这些纹路和阴影是向下的，而向上的光线恰好提亮了它们。这些阴影和纹路被淡化后，人的皮肤状态会显得更好，如图4-101所示。我们需要注意，辅光的位置不能太低，亮度也不能超过主光，否则会产生不自然的"脚光"，影响画面观感，如图4-102所示。

图4-101 在人脸下方添加反光板，以提亮阴影

图4-102 辅光位置过低会形成不自然的"脚光"

3. 在暗光环境中, 要给予人脸充分的照明

除了光滑的质感, 红润亮丽的色泽也是我们对好皮肤的固有印象。因此无论在何种环境下, 我们都要保证人脸有充足的照明, 否则肤色在相机中会显得不均匀, 两种情况的对比如图4-103和图4-104所示。

如果拍摄时照明不充足, 后期强行提高画面的亮度, 画面就会产生噪点, 从而影响视频的画质。在暗光环境中拍摄时, 我们如果没有更多大功率的灯具, 可以多拍摄近景和特写镜头, 这样可以让光源更加靠近人脸, 对人脸进行充分照明。因为一组画面通常有不同景别的人物镜头, 而观众的视觉焦点会一直集中在人脸上, 所以保证画面中人脸的亮度、色彩还原始终是第一位的。

图4-103 面光过暗, 肤色暗淡　　　　　　　　图4-104 增加面光, 提亮肤色

4. 使用黑柔滤镜

除了灯具, 还有一些**小道具**可以帮助我们拍摄出更好的肤质。我们可以在镜头前安装一片黑柔滤镜, 这种滤镜在柔化画面中的高光部分、提亮画面暗部的同时还可以保留画面细节。在拍摄人物时, 黑柔滤镜可以起到"磨皮"的作用, 使用黑柔滤镜前后对比的效果如图4-105所示。不过这种滤镜的价格相对较高, 我们可以在镜头前薄薄地涂抹一层凡士林, 这样也能使我们获得较为柔和的画面。

图4-105 使用黑柔滤镜前后的效果对比

用灯光来修饰人物形象

古风短视频中经常会出现柔美的古典女性形象，但是其中也会出现男性、儿童和老人的形象。拍摄不同年龄、性别、性格、身份、外形的人物对于灯光的要求都是不一样的，尽管有些差别比较细微，其却是提升作品视觉美感的关键。

1. 用灯光来调整脸形

人无完人，就算是模特的脸形也不可能毫无瑕疵。利用光线来修饰人物的脸形是摄影师的必修课。我们知道，明暗是画面产生立体感的关键，在人类的视觉感受中，亮部具有膨胀感，暗部具有收缩感。我们可以将这样的视觉感受用于修饰人物脸形。当想要达到瘦脸效果时，我们可以适当增大脸上的阴影面积。比如我们使用侧逆光进行照明，让人物的脸微微偏转，以斜侧角度对着镜头，如图4-106所示。此时人物面对镜头一侧的脸受光较少，亮度较低，背对镜头一侧的脸受光较多，亮度较高，形成近暗远亮的视觉效果。在侧逆光的照射下，人物的脸部最立体、轮廓感最强，也更有一种立体"小脸"的感觉。

图4-106 近暗远亮的"瘦脸光"

反之，如果想要让人物的脸形显宽，可以使用斜侧光照明。同样让人物微微侧脸，只不过将脸的受光转向镜头，背光面偏离镜头。因为靠近镜头的物体会显得更大，此时人物脸形会显得更宽。

另外，当我们想用顺光对人物进行照明时，可以升高灯具，让灯具向下照射人物的脸部，如图4-107所示。这样脸部的光线会从额头到下巴依次变暗，鼻翼、嘴角、下巴等处也会产生更多阴影，形成脸越往下越收缩的感觉。反之，如果想使人物的脸形变宽，可以把灯具放低，稍微向上照射使人物的脸部。这样脸部的光线下明上暗，会产生拉宽下巴的感觉，脸部在视觉上会变宽。

图4-107 顺光时升高灯具，从上向下打光

2. 用灯光来区分性别

男女的脸形给人的感觉是不一样的。女性因为皮下脂肪相对较多,其脸部轮廓较为流畅,五官的线条较为平滑,五官更加柔和秀气,呈现出曲线感较强的脸部特征,如图4-108所示;而男性的脸部骨骼感比女性的强,脸部轮廓较为立体,眉骨、鼻梁、下巴、颧骨等处的线条较为明显,五官更多给人一种刚毅硬朗的感觉,呈现出折线感较强的脸部特征。

在对古风视频中的女性角色进行打光时,要尽量呈现出女性柔和秀美的脸部特征,因此多用散射光、柔光,适当缩小主光和辅光的光比,使反差较弱,如图4-109所示。

图4-108 古代仕女图多弱化女性脸部光影,强调柔美的曲线感

图4-109 女性的面光:柔和平均、反差小

　　在对男性角色进行打光时，我们要进一步突出男性脸部硬朗刚毅的感觉，因此可以多用直射光进行照明，用侧光打造出较重的阴影来塑造轮廓感和立体感；主光和辅光的光比可以适当拉大，以形成强烈的明暗对比，凸显男性阳刚的气质，如图4-110所示。

　　不过，随着现代观众审美的多样化，短视频作品中也不乏英气的女性角色和柔和的男性角色。在对这样的角色进行布光时，我们首要考虑的还是角色的性格特征及其气质，以及剧情等因素，不能不加变通，掩盖角色本身的魅力，如图4-111所示。

图4-110 男性的面光：硬朗、反差大

图4-111 柔和的男性面光与硬朗的女性面光

3. 用灯光来表达情绪

　　除非是剧情类的古风视频，演员的情绪通常不会在一个场景中变化太多。灯光可以帮助我们增强演员在场景中的情绪表达。很多古风视频爱好者在练习夜景拍摄时都模仿过电影《倩女幽魂》中小倩出现的片段。小倩在片中是一个女鬼，总是在冰冷萧瑟的午夜时分出现。电影中这一片段的主要色调为清冷的蓝色调，在小倩现身的镜头中，以侧光进行人脸照明，脸的一半几乎隐藏在阴影中。

当我们想要呈现哀伤、幽怨、寂寥、凄惨等情绪氛围时，可以使用高色温的冷光进行照明，如图4-112所示；在人物面光上可以多用侧光、局部光，表现出半明半暗、阴晴不定的感觉，如图4-113所示；甚至可以用逆光照明，将人脸完全隐藏在阴影中，拍摄剪影画面。

图4-112 用冷光来营造清冷、幽怨的氛围

图4-113 可多用侧光、局部光来营造半明半暗的氛围

当场景的情绪氛围是开心、喜悦、天真、爽朗等时，可以使用暖光或者白光进行照明，在人物面部多用较为柔和的散射光进行顺光或者斜侧光照明，如图4-114所示。若人物脸部亮度较高，可以用逆光或者侧逆光给人物增加轮廓光，尤其是用亮度较高的侧逆光对人脸进行照明时，会在人脸的边缘形成一道明亮的光边，这道光边也叫作"边光"，可以形成"亮中有亮"的视觉画面，进一步放大积极、爽朗、快乐的情绪氛围，如图4-115所示。

图4-114 用顺光或斜侧光来体现天真无忧的氛围

图4-115 用逆光、侧逆光来表现人物的爽朗和快乐

4. 画龙点睛的眼神光

眼睛是心灵的窗户，眼神光能起到画龙点睛的作用，进一步给镜头中的人物增光添彩。眼神光是指人物眼睛，尤其是瞳孔部分反射出的一些高亮的光斑。因为亚洲人的瞳孔颜色较深，这样高亮的光斑能够使眼睛显得更加有神。在一些需要传递情绪的镜头中，眼神光也可以辅助呈现人物的情绪。一般眼神光由场景中的主光和辅光照射眼睛产生。

当我们进行外景拍摄时，主光是阳光，但是无论是骄阳似火的晴天或是阴云密布的阴天，眼神光都不可能由阳光直接在眼睛中呈现。因此，我们必须用辅光对人物进行补光，此时无论是反光板还是灯具，都会在人物的眼睛中映射出高亮的光斑，如图4-116所示。需要注意的是，眼神光光源位置不能过高，因为人的身高有限，如果光源位置过高，眼神光不容易在人眼中显现。眼神光的光斑也不宜多，一般1~2个就够了，最多不要超过3个，否则人物的眼神会显得迷离、涣散，不够聚焦。

图4-116　用反光板或者灯具来塑造眼神光

在主光、辅光光源距离人物较远，眼神光不够明显的时候，我们可以用额外的一盏灯专门为人物添加眼神光，比如我们可以用小型的口袋灯、氛围灯等。在拍摄近景、特写镜头时，眼神光可以说是人物的"灵魂"，如图4-117所示。

当然，我们也可以反其道而行之，需要拍摄人物沮丧、绝望等情绪时，可以将眼神光从人物的眼睛中撤走，形成"眼睛中连光都没有了"的感觉，进一步营造消极情绪氛围，如图4-118所示。

图4-117　近景、特写镜头中，眼神光是人物的"灵魂"　　图4-118　当需要表达消极情绪时，可以撤走人物的眼神光

唯美的逆光与斑驳的光影

对人物进行三点布光时，光线分为主光、辅光和轮廓光。我们知道，轮廓光不是必需的，但是有了轮廓光，画面会更有质感。轮廓光一般为逆光或者侧逆光。

当主体的颜色和背景的颜色较为接近时，容易形成主体和背景"融"在一起的感觉，逆光可以快速勾勒出主体的轮廓，能够将主体和背景分离，如图4-119所示。在黑白电影时代，逆光在拍摄中必须使用，因为黑白电影的画面中只有黑白灰3个颜色，人物一不小心就会和背景重合在一起，因此必须使用逆光给人物打上轮廓。

另外，当逆光光源是自然光时，能够增强画面的生气和真实感，比如晴天的阳光就是拍摄外景时最好的逆光，如图4-120所示。

图4-119 轮廓光可以将人物和背景分离

图4-120 轮廓光光源——阳光

此外，逆光能够最大限度地凸显半透明材质的质感。在古风视频的拍摄中，人物所穿的服装很多都是半透质感的，头上佩戴的头饰也多是玉石、绢花、珠翠等。逆光能够最大限度地呈现这些物体晶莹剔透的质感，能够让画面中的人物笼罩上一层"仙气"，是古风视频拍摄中最有效的光线塑造手法，如图4-121所示。

使用逆光塑造人物时，有以下几点事项需要注意。

● 尽量为人物身上的逆光寻找真实的光源，不要"无中生光"。如果实在找不到真实的光源，尽量在人物脸部的特写镜头中使用逆光勾勒人脸边缘，这样不容易穿帮，如图4-122所示。

● 逆光的角度尽量低一些，角度越低，照射的轮廓范围越大。在外景拍摄时，黄金时刻的阳光就是最好的逆光，此时太阳靠近地平线，能够为人物完美勾画出一个金色的轮廓，如图4-123所示。

图4-121 逆光可以凸显服装的材质和质感

图4-122 使用逆光勾勒人脸边缘

图4-123 将阳光作为逆光

● 尽量将人物置于深色背景前。逆光一般是较强的直射光,深色背景能将逆光衬托得更加明显,如图4-124所示。

● 在环境中可适当放烟。烟雾能够增强大气透视,配合逆光能够呈现出更具层次感的画面,如图4-125所示。

图4-124 使用深色背景突出逆光

图4-125 使用烟雾配合逆光

● 注意对人脸进行补光。因为逆光本身光线较强,会使背景亮、前景暗,人脸容易变黑,此时需要为人脸补光,使其不至于太黑而看不清五官细节,如图4-126所示。

● 可以在前景中增加一些半透明或者能够折射光线的遮挡物,如图4-127所示。很多产品包装的玻璃纸揉搓后挡在镜头前,能够形成更多的光晕,在逆光环境下能使画面显得更加唯美、朦胧、梦幻。

图4-126 使用逆光时注意为人脸补光

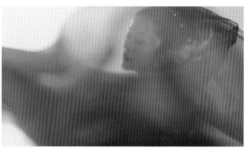

图4-127 增加半透明前景拍摄逆光

有光必有影，除了唯美的逆光，我们也可以使用阴影烘托人物，如图4-128所示。前面提到，在摄影棚布光中，我们可将花窗、纱帘等作为遮挡物，在场景中投射出一些斑驳的光影，这样的光影其实也可以投射在人物身上。

有时候，我们不一定要求每一个画面中的人物脸部都是光线均匀、透亮白皙的，我们可以适当运用阴影，塑造一些神秘感和故事感。比如在古风视频夜景的拍摄中，我们可以使用遮光的手法，将暖黄色的光照射在人物眼睛部分的很小范围内，模拟烛光的感觉，如图4-129所示。

图4-128 使用阴影烘托人物

图4-129 运用阴影塑造神秘感和故事感

在外景拍摄中，我们可以将阳光穿过树叶、花丛产生的树影、花影有意识地投射在人物的身上，形成明暗交替、光斑闪烁的效果，如图4-130所示；在一些大型的古建筑里拍摄时，我们可以有意识地寻找有设计感的门窗、花窗，将这些设施产生的斑驳光影投射在人物身上，营造迷离梦幻的意境。

图4-130 使用遮挡物拍摄明暗交替、光斑闪烁的效果

本章主要介绍了古风视频的用光。古风短视频初学者在练习布光时，首先要明确的是古风视频的时代特征，在保证整体光影感觉符合古代环境特征的前提下，再去追求人物的细致刻画。在对人物进行补光时，需要注意不同景别之间的衔接，不能前面的画面亮，后面的画面暗，也不能前面的画面光线冷，后面的画面光线暖，否则就会穿帮，让观众感到"出戏"。但是我们也要注意，不同景别的人物光线要求是不一样的。所谓"远取其势，近取其质"，在远景画面中，我们要注重对场景的光线、光影甚至光线色彩的塑造；在近景和特写画面中，我们应更加注重对人物面部的布光，用适当的用光手法对人物的皮肤、五官、轮廓进行包装和美化，再辅以逆光光效、斑驳光影来烘托人物，营造古典氛围。

我们也要注意，因为拍视频不像拍照片，抓住一个瞬间的光线就行。视频是动态的，我们在拍摄视频时，尤其是进行外景拍摄时要时刻注意光线的变化，一片云彩也可能影响光线的性质，导致色温的变化，黄金时刻的金色光线更是转瞬即逝。因此，视频创作者需要提前做好充分的准备，这样才能在拍摄现场抓住每一分每一秒。

第 5 章

古风视频中的场景与服化道

在影视工业化制作流程中，场景、服化道都属于美术的部分，是影视作品视觉化中重要的一环。古风视频是基于中国传统文化和古典审美的一种短视频类型，因此它的视觉风格非常鲜明。相比于旅行、婚礼等现代题材的短视频，古风视频对场景和服化道的要求也更为严格。需要明确的是，场景和服化道必须始终服务于主题。

5.1 外景

我们平时观看的古装电视剧、电影等大多是在专门用于拍摄的影视城内拍摄的。这样的影视城通常内外景兼具、场景道具齐全，也更加容易布置摄影机和灯光设备，便于摄制组高效地完成拍摄工作。对于短视频创作者来说，去专门的影视城取景通常会面临较高的拍摄成本压力，所以初学者不妨从身边的一些场景入手，等到经验相对丰富以后，再去相对成熟和完善的影视城中拍摄。外景拍摄地通常有中式古典**园林、自然环境、影视城**等。

中式古典园林

小桥流水，曲径通幽，中式古典园林是我国独有的一种建筑体系。古人希望足不出户就能欣赏到四方美景，于是他们将各种景致融于方寸之地，追求人与景的和谐统一，所以中式古典园林虽然是人造景观，但是却有着"天人合一"的风格特点。中式古典园林是古风视频拍摄较为合适的外景取景地之一。在造型风格上，中式古典园林主要分为北方皇家园林和江南私家园林，如图5-1所示。北方皇家园林主要是帝王所建，为了彰显皇家气派，大多依山傍水而建，建筑恢宏大气，比如颐和园、承德避暑山庄等。江南私家园林多是明清时期江南士大夫私人所建，大多小巧玲珑，建筑设计极为精巧雅致，典型代表是苏州、南京、扬州等地的园林。从整体风格上来看，中式古典园林属于秀美精致的人造景观，它兼具宅院

图5-1 北方皇家园林和江南私家园林

府邸、亭台楼阁、花草树木、山水奇石等多种景观。因此，中式古典园林一般**适用于拍摄古代贵族生活场景、闺阁女子等**。

到中式古典园林进行拍摄取景时，有以下几点注意事项。

1. 必须提前做好攻略

中式古典园林目前绝大部分已经变成旅游景区，有专人管理维护。在去拍摄之前，我们首先需要了解这些园林的游客拍摄规定，有些园林需要提前报备，在网上进行预约登记后才可以携带相机进入拍摄，如图5-2所示。

其次我们要查询园林的开放时间，大多数园林在夏季和冬季的营业时间是不一样的。另外，有些园林可能会临时闭园修缮、养护，这些我们都要提前了解清楚，以免扑空。

另外，我们要尽可能多地查看景点的图片，有一些景点的实际景观和图片呈现出来的效果有天差地别，我们在网上搜索这些景点的图片时，切记要查看游客用手机拍摄的近期真实照片。现在的网络咨讯非常发达，以

图5-2 景点网上预约

上这些信息在一些旅游生活类、商家点评类的网站和APP，以及景区的官方网站、微信公众号上都可以查询到。另外，提前在网上购票可以节约现场拍摄时间。

2. 尽可能到实地勘查

网上的信息再丰富，也不及一次实地勘查有效。在进行实地勘查时，我们可以拍摄一些场景的照片，可以查看自然光的方向，可以思考演员的走位，还可现场询问工作人员具体的拍摄规定，比如是否可以用三脚架、灯光设备等。

图5-3 在手机的应用商店中可以下载导演级取景器Cadrage

这里推荐一个非常实用的APP——Cadrage，如图5-3所示。这款APP是专门提供给摄影师或导演在拍摄前的取景工作中使用的，在APP中可以设置实际拍摄使用的相机型号、镜头焦段、光圈和曝光。因此，我们无须携带相机和镜头，只需要一部手机，就可以在实地勘察时预览画面效果，如图5-4所示。

图5-4　使用Cadrage拍摄的画面

3.遵守景区的管理规定

在拍摄现场，我们要尽可能加快拍摄速度，避免大声喧哗，不要长时间占据拍摄位置。我们携带的拍摄器材、服装道具等不要随意摆放，尽可能聚集于一处，不要影响到其他游客。

4.不要忘记拍摄环境的空镜

中式古典园林艺术造诣非凡，令人叹为观止，我们可以多拍摄一些环境的空镜，如图5-5所示，这些空镜能够帮助我们营造古典氛围。

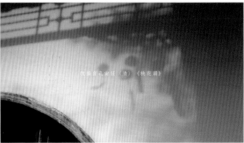

图5-5　空镜

如果非常喜欢这个景点，想要长期多次来取景，我们可以通过购买旅游年卡来节约拍摄成本，如图5-6所示。很多城市都会推出多景点通用的年卡，在有效期内我们可以不限次游玩景点，这样的年卡对于需要经常去景点拍摄的创作者来说是非常划算的。

随着旅游业的不断开发，一些仿古园林也不断产生。这些园林大多在本地的园林遗址上进行重建或者修缮，有一些能够修旧如旧，但是大多数为了迎合现代旅游者的消费需求，进行了一定程度的现代化改造，比如建造商业街，如图5-7所示。我们到此类场景进行拍摄时，需要避开这些现代元素，**以免穿帮**。

图5-6　购买年卡更划算　　图5-7　古建筑旁的商业街

自然环境

　　田野、山川、湖泊、树林、海洋等自然环境，也是我们古风视频拍摄中的一类重要的取景地，如图5-8所示。

图5-8　自然环境

自然环境中有一些是收取门票的景点，比如一些名山大川、古村古寨，另外很大一部分是城市郊外、田间地头等无人管辖的"野外"。景点的好处是网上的资料非常丰富，便于我们提前做好攻略，拍摄的注意事项基本可以参考去中式古典园林的拍摄。但是对古风视频创作者来说，拍摄别人没有拍过的风景，挖掘更多取景地，有时候也是创作过程中的乐趣所在。到真正的"野外"拍摄，有以下几点注意事项。

1. 尽可能多在网上查询拍摄地的信息

很多旅行爱好者会在网上发布一些自己发现的"旅游胜地"，这些地方的风景一般都比较有特色，但是鲜为人知，也无人管理。到这些地方取景的好处是游客较少，场景较为"原始"，很少会穿帮，所以方便我们拍摄。在拍摄之前我们应尽可能多地查看这些地方的照片、视频等资料。

2. 合理安排拍摄时间

一般这些地方多在远离市区的郊外，所以我们需要提前计划好路上的时间；如果当天无法来回，还需要查好附近可以住宿的地方，有备无患。如果不是自驾前往，需要查好公共交通的路线和时间；如果打车前往，千万要记得查看返程是否容易叫到车。

3. 注意拍摄安全

由于这些"野外"尚未被开发、无人管理，因此可能会存在一些危险，比如可能会有容易伤人的野生动物，会发生森林火灾，有捕兽陷阱，等等。我们注意不要到无人区拍摄，并时刻留意手机是否有信号。另外我们可以随身携带：防蚊液、晕车药、止疼药、防晒霜等，以备不时之需。

影视城

影视城是为了拍摄需要而专门建造的场景，也可以供人游玩，作为专门的旅游景点。国内比较知名的影视城有横店影视城、象山影视城、襄阳唐城、敦煌影视城、无锡三国影视城等。

去影视城拍摄有很多好处。首先，影视城是专门用来拍摄的场地，所以场景规模宏大，场景内设施道具充足，拍摄不容易穿帮，非常方便，如图5-9所示。

其次，影视城中的景观风貌经过专门的设计，具有一定的时代性和风格。比如横店影视城中就有秦王宫、清明上河图、明清宫苑等体现不同朝代风貌的建筑群；而襄阳唐城是为了拍摄电影《妖猫传》专门所建，因为电影取材于杨贵妃与唐明皇的历史故事，所以襄阳唐城比较真实地还原了唐朝的建筑风格。

图5-9   在敦煌影视城拍摄的画面

　　最后，由于影视城本身就具有汇聚资源的作用，比如服装、道具、拍摄器材、化妆师、演员等拍摄资源都会大量聚集于此，如果我们的拍摄经验足够丰富，影视城的这些资源能够方便我们的拍摄，降低拍摄成本。

　　专业的剧组到影视城中取景需要包场并支付高昂的租金和场地费。作为古风短视频爱好者、初学者，在拍摄古风视频初期，我们的拍摄人员较少，也不需要大规模的场景和大范围的灯光，因此可以像普通游客一样，只需要购买门票到影视城内即可拍摄，但是有几点事项需要我们注意。

　　● 影视城中常年有剧组驻扎拍摄，拍摄中的剧组一般会封闭一片拍摄区域，以防游客进入，影响拍摄。所以我们在进入影视城拍摄前，应了解想要拍摄的区域是否处于封闭状态，以免扑空。

　　● 在一些影视城拍摄，我们除了需要购买门票，还可能会被要求支付"拍摄费"。对于这样的情况，我们同样可以提前在网上搜索相关资料进行了解，如果真的很想去这个景点内拍摄，势必要面临拍摄经费增加的情况。

　　● 我们需要对不同朝代的建筑风格有一定的认知和了解。尽管影视城中的建筑都是历史风格的建筑，但是我国历史久远，各个朝代的建筑风格不同。秦汉时期的建筑较为古朴庄重（如图5-10所示），唐朝时期建筑的装饰多带有异域风格（如图5-11所示），明清时最具有代表性的建筑是小巧玲珑的江南园林（如图5-12所示）……我们在拍摄前需要明确古风视频的历史背景和视觉风格，以防产生常识性的错误，尽量避免穿帮现象。

图5-10 秦汉风格的建筑

图5-11 唐朝风格的建筑

图5-12 明清风格的建筑

　　古风视频的外景选择具有一定的局限性，相较于随处可见的现代场景，古代场景毕竟还是少数。因此，我们平时在拍摄时可以多加留意，一些城市的公园、绿化带、郊外等都可以为我们所用，不一定要去专门的景区、影视城。比如笔者在小区门口发现的这个免费的小公园，里面有亭台楼阁、假山流水，古典韵味十足，适合用来拍摄古风视频，如图5-13所示。

图5-13　免费小公园中的场景

　　中国传统书画讲究"风骨"一说，强调书法绘画作品要体现创作者的气质、喜好甚至是品格。在古风视频拍摄中，场景也是有气质的，场景服务于人物、故事和主题。在选择古风视频的外景时，我们需要有意识地挑选有古典气质的场景。

　　譬如，在笔者创作的"十二花神"系列古风短视频中，有一期是关于李夫人的故事。李夫人是汉武帝的后妃，那句有名的"北方有佳人，绝世而独立"赞颂的就是她。李夫人是一个清冷孤傲的美人，所以她尽管是后宫女子，但她所处的环境和杨玉环所处的那种花团锦簇、热闹张扬的宫廷环境肯定是不一样的。所以在选景时，笔者有意选择了空荡的长廊、高楼、孤树、夜晚的溪边等场景来烘托李夫人的清冷孤傲，如图5-14~图5-17所示。在此短视频中，人物和场景相得益彰，人、景、氛围、故事形成了一个和谐的整体。

图5-14　长廊

图5-15　高楼

图5-16　孤树

图5-17　夜晚的溪边

5.2 内景

　　室内布光拍摄小节介绍了两种古风室内拍摄场所：第一种是古典风格建筑物内部，第二种是古风摄影棚。第一种场所在实际拍摄时局限性较强，比如场景设施和道具不能随意移动，灯光器材的使用受限制，来往的游客会干扰拍摄，这些都可能使我们的拍摄进度变慢。因此本节主要跟大家介绍的是第二种古风室内拍摄场所——古风摄影棚。

租赁古风摄影棚

　　古风摄影棚又叫作古风实景棚，棚内布置为古代室内场景，比如书房、卧室、茶室等，如图5-18所示。大型的古风摄影棚一般建在影视基地内，其面积之大，甚至可以搭建出宫殿、牢房、酒楼等大型古代室内场景。小型古风摄影棚一般是行业里有经验的摄影师专门搭建的，除了能够满足自己的商单或者创作拍摄需求，同时可对外租赁。对于古风视频初学者来说，租赁市面上现有的古风摄影棚性价比较高。我们一般可从物品交易平台和社交媒体平台获取古风摄影棚的租赁信息。

图5-18 不同风格的古风摄影棚

图5-18 不同风格的古风摄影棚（续）

打造一个简易摄影棚

很多古风视频创作者在经过一段时间的拍摄积累以后，会发现家里的道具越来越多，于是会萌发自己搭建一个古风摄影棚的想法。自己搭建摄影棚最重要的前提条件是有一个场地。专业摄影棚对场地的面积、层高、光照、隔音等具有一定的要求，一些专业的古风摄影棚通常会搭建在空厂房、仓库、别墅等较大型的场地中，但是这也意味着场地成本的大幅增加。因此，我们可以利用自己家里的一些空间，搭建一个简易摄影棚，这样既可以方便我们的拍摄，也可以节约拍摄成本。

古风摄影棚的搭建涉及硬装、软装、道具及照明4个部分。

硬装是指门窗、隔断、梁柱、地面等硬件部分的搭建，这是简易摄影棚搭建的基础。其中，墙壁和地面是场景中视觉占比最大的部分，我们可以用古风壁画、壁纸等盖住原来的墙面，地板部分可以选择古风的地毯或者性价比较高的地板贴来进行装饰。门窗可装也可不装，但是有了门窗，场景会更加"透气"，也更真实。网上有一些雕花门窗、月洞门、格栅门等，将其放置在室内原本的门窗位置，将外面的自然光线引入，效果会非常好。不过，这些装置的价格一般较高，大家可根据自己的需求进行购买，如图5-19所示。

古风壁纸

地板贴

雕花门窗

图5-19 简易摄影棚装修材料

　　软装主要涉及的是床榻、桌椅、窗帘、屏风等家具类物品。本着删繁就简的原则，简易摄影棚中一般只需要1~2件古风家具即可。这里比较推荐的是屏风这类家具，一旦将其添置到场景中，古典的气息就会油然而生。我们可以选择一些图案简约、花纹复古的屏风，一些木质或者竹制的屏风则更加具有古典韵味，如图5-20所示。

图5-20 不同款式、风格的屏风

　　另外，在简易摄影棚的软装中，不可或缺的是纱帘、珠帘等起到遮挡和隔断作用的装饰物，如图5-21所示。尤其是纱帘，我们可以将其作为前景对人物进行遮挡，形成"犹抱琵琶半遮面"的视觉效果。

图5-21 不同颜色的纱帘

除此之外，矮桌、竹席、地垫等也是古风视频中经常出现的一些家具，其价格一般不会很高，我们可以有针对性地购买，如图5-22所示。

图5-22 竹席、地垫

硬装和软装搭配好以后，一个简易摄影棚就已经大致完成。此时，我们可以添置一些道具，让简易摄影棚更具生活气息。古风视频拍摄使用的道具种类繁杂，这里介绍的主要是一些场景内的摆放道具。

● 用于室内照明的物品：灯笼、蜡烛等。
● 用于室内环境美化的装饰物：盆景、挂画、香炉等。
● 用于休闲、娱乐的物品：古琴、围棋、文房四宝、女工等。
● 生活起居类的物品：镜子、被子、枕头、茶具、首饰盒等。

在进行添置道具时，我们要遵循少即是多的原则，同时要根据拍摄内容有针对性地添置道具，一个场景中的道具不要太多。比如我们要拍摄一个才女型的人物，只需要在场景中添置笔墨纸砚、书籍等道具即可，没有必要加入铜镜、首饰盒、女工等道具。切记，所有的道具都是为人物和主题服务的。闺房、婚房和书房布置效果分别如图5-23、图5-24和图5-25所示。

图5-23 闺房

图5-24 婚房

图5-25 书房

简易摄影棚是为了拍摄所建,在完成硬装、软装和道具添置后,我们必须引入照明,这样简易摄影棚才能用于拍摄。简易摄影棚的光线来源有自然光和灯光两种。前面我们提到可以通过门窗将阳光引入室内,这样的光线柔和、自然、真实。但是大部分时候,我们需要在场景中进行人工布光。古风视频的室内布光拍摄在第4章有详细介绍。我们在搭建简易摄影棚时,需要考虑的是为将来的拍摄预留布光的位置,如图5-26所示。否则,场景布置好后,灯光和灯架会无处安置,或者要占用棚内的场地,造成一定的空间浪费。在简易摄影棚中,建议用1~2盏LED摄影灯为场景布光,用冰灯为人物面部补光,这是比较经济实用的灯光配置方案。

在自己家里搭建的简易摄影棚具有一定的局限性,比如因为空间较小,不能用于全景、远景镜头的拍摄,只能拍摄中、近景和特写镜头。另外,狭小的空间对于布光也会产生一定的制约,比如我们可能会忽略场景的布光,而集中于人物面部的打光。

图5-26 预留布光的位置

内景拍摄注意事项

无论是在古建筑室内还是在专业的古风摄影棚里进行的拍摄,我们都将其称为内景拍摄。相比于外景拍摄,内景拍摄有一些事项需要我们注意。

● 外景拍摄时多借助自然光进行照明,光线通常比较充足,不用太担心曝光问题。但是室内环境一般较暗,进行内景拍摄时如果不注意补光,容易导致画面曝光不足,影响视频的画质。如果预算充足,我们可以多添置灯光设备来进行照明。如果预算有限,我们可以多借助自然光,比如到门窗附近拍摄,如图5-27所示;也可采用多拍中近景、少拍全景等方式。

图5-27 让演员靠近窗边,借助自然光照明

● 在进行内景拍摄时需要注意镜头的选择。我们知道广角镜头能够容纳更多场景内容,但是使用广角镜头容易使画面穿帮或在画面边缘产生畸变,所以在进行内景拍摄时,不建议使用焦距小于35mm的镜头,以防室内的陈设、家具等在画面中产生畸变,如图5-28所示。35mm和50mm的镜头一般用于室内全景、中景的拍摄,如图5-29所示。85mm的长焦镜头可用于人脸的近景和特写镜头的拍摄,如图5-30所示。如果我们要使用焦距超过85mm的长焦镜头拍

摄，需要注意室内是否有足够的空间用于架设相机。如果室内空间较小，相机与被摄主体距离较近，则长焦镜头无法拍摄到完整的画面，不利于我们构图取景。

图5-28　在室内使用广角镜头拍摄容易穿帮

图5-29　35mm镜头拍摄的室内中景

图5-30　85mm镜头拍摄的室内近景

● 视频拍摄相比于照片拍摄最大的一个特点就是运动。视频拍摄中的运动包括被摄主体的运动和相机的运动。被摄主体的运动是指演员的走位。在进行内景拍摄时，我们需要提前规划演员的行动路线和轨迹，可以根据拍摄需要对室内陈设进行调整。比如，我们拍摄一个人物下楼出门的镜头，需要先规划好演员的走位，保证人物在运动的过程中不出画，如图5-31

所示，在这种楼梯、走廊等事逼仄的空间中拍摄，摄影师很容易撞到室内的陈设家具，因此，我们也要提前设计好摄影师的运镜路线，以保证人员安全及画面稳定性。

运动1：男女主人公下楼

运动2：男女主人公踏出门槛

运动3：镜头拉远，男女主人公离开

图5-31 运动镜头拍摄

● 在进行内景拍摄时，我们可以使用一些小道具，让视频画面更有氛围感。比如我们在镜头前加装黑柔滤镜，既可以对人物皮肤进行柔化，也可以丰富室内场景画面的暗部细节，降低画面的对比度，给调色预留更多空间，如图5-32所示。在室内放烟同样可以丰富画面暗部的细节，当光线不足时，让画面暗部不至于"死黑"一片；烟雾还可以渲染场景的氛围，突出空间感。

图5-32 使用黑柔滤镜和烟雾丰富画面暗部的细节

● 在进行内景拍摄时我们需要留意一些穿帮的痕迹，比如角落里的灯架、地板上的电线、墙壁上的插座，以及其他不属于古代的各种现代物品，如图5-33所示。这些穿帮的痕迹在照片的后期处理环节中可以轻松抹去，如果在视频中出现却不容易去除，以目前的视频后期处理软件功能，我们需要花费很多时间和精力去修补穿帮痕迹，与其如此，不如在前期拍摄时就杜绝这样的穿帮痕迹，每拍摄完一条素材后当场仔细回看，检查是否有穿帮痕迹。

图5-33 留意画面中的穿帮痕迹

5.3 服装

在古装影视剧中，角色所穿的服装统称为古装，这是一种由剧组的服化部专门为角色量身定制的服装。我国最早的古装电影是戏曲电影，这是一种直接把戏曲表演的整个过程搬上大荧幕的特殊电影形式。那时候的剧组没有对服装进行严格的考据，演员所穿的服装大多是在戏曲服装的基础上进行微调得来的，因此，这些服装也被叫作"戏服"。随着我国影视产业的不断发展，剧组才开始有意识地根据角色针对性地设计服装。比如在《西游记》《红楼梦》等四大名著改编的影视剧中，演员已经穿上了符合角色身份、时代背景及故事情节的服装，如图5-34所示。

《红楼梦》王熙凤的服装（仿）

《西游记》孔雀公主的服装（仿）

图5-34 影视服装

　　早年，普通人在日常生活中很难接触到古装。普通人只有去影楼拍摄古装写真，才能体会一把"穿越"的快乐，如图5-35所示。

　　随着时代的发展，汉服开始进入消费领域，汉服商家开始面向大众市场设计、生产和销售汉服。汉服和影视拍摄所使用的古装有一定的区别，但是却满足了普通人"穿古装"的愿望。古风摄影与古风视频也随着这股"汉服热"，得到了快速的发展。

图5-35 影楼写真服装

汉服

如今,汉服已经成为了普通消费者可选择的热门服饰类型之一。广义上的汉服指的是汉民族的传统服饰,而我国是多民族国家,汉服和其他少数民族的传统服饰,一起构成了我国的传统服饰。

我国历史悠久,汉服也经过了多次演变,但是它始终保持着一些共性,比如平面化的裁剪、右衽(即左前襟掩向右腋系带,将右襟掩覆于内)、无扣系带、宽袍广袖等。

目前市面上的汉服按照还原历史的程度从高到低可以分为**"传统型汉服""改良型汉服""汉元素服饰"**。我们在这里不对汉服的形制进行过多的介绍和谈论,作为视频创作者,我们需要了解的是不同朝代的汉服风格特征,这样才能够有的放矢地为古风视频中的人物选择服装。

1. 秦汉时期

秦汉时期的服装较为庄重、典雅,色彩比较单一,纹饰比较简约,呈现出对大自然和神话传说的猜想和描绘。秦汉时期的服装在形制上最明显的特征是上衣和下衣连在一起,即"深衣"制,目前在市面上我们能够购买到的秦汉时期的服装主要有**直裾和曲裾**两种。曲裾是秦汉女子常穿的一种服装,上衣和下衣连在一起,衣襟缠绕至下身并用腰带束在腰间,整体感觉庄重、典雅但又不失女性的线条美,如图5-36所示。

图5-36 庄重、典雅的曲裾

目前的古风视频中较少出现曲裾等秦汉时期的服装。曲裾由于形制特点，对人体的包裹感较强，对行走时的步伐有约束，演员只能小步缓行。拍摄简单的动作还好，当面对较为复杂的动作时，演员的行动会受到限制。不过，有经验的汉服演员即使身着曲裾，也能够演绎出优美的姿态。

2. 魏晋时期

魏晋时期的文化呈现出自由与随性的风格，这一时期的服装一改秦汉时期庄重、典雅的特点，呈现出更多的轻盈和灵动。魏晋时期上衣和下衣分离，女子上身穿襦衫，下身着裙，衣身部分合体修身，衣袖和裙摆部分宽大飘逸。魏晋时期服饰代表性是交领广袖襦裙，如图5-37所示。

因为这些特点，所以魏晋时期的服装非常适合用于拍摄唯美飘逸、神话传说、仙侠玄幻等风格题材的古风短视频，如图5-38所示。

这一时期女子服装上的装饰物开始增加，飘带、垂髾等层出不穷。尤其是一种叫作杂裾的服装，在女子腰间围上一层层倒三角形的装饰物，当裙身转动时，腰间的装饰物犹如莲花盛开般展开，非常灵动唯美。

图5-37 魏晋时期的交领广袖襦裙　　图5-38 灵动飘逸的魏晋服装

3. 隋唐时期

隋唐时期，经济繁荣，社会安定统一，服装呈现出愈加华丽的发展趋势。到了唐朝时期，民族交流愈加频繁，西北地区少数民族的胡服开始流行于中原地区，汉服吸取胡服的特点，出现窄袖、坦领、短袖等样式，汉服和胡服呈融合趋势。此时由于生产力的极大发展，服装制作工艺得到提升，服装色彩愈加艳丽，图案纹饰也更加丰富。在唐朝中后期，女性的社会地位极大提高,社会民风愈加开化,女性穿男装的现象也多有出现。

在隋唐时期,女性的代表服装是襦裙、大袖、坦领。襦裙按照裙腰的高低分为齐胸襦裙和齐腰襦裙。齐胸襦裙是广受唐朝女子喜爱的一种服装。齐胸襦裙的上衣为窄袖或广袖短衣,下身为宽摆裙身,裙头系到胸部及腋下位置。这样的穿法使女性的身材显得窈窕、修长,尤其是在"以胖为美"的唐朝,齐胸襦裙可以极大地修饰女性的身材,如图5-39所示。社会地位的提高、民风的开化让女性可以自由选择自己喜爱的服装,在贵族女性群体中,袒胸露臂的穿法开始出现。轻薄如云的大袖衫罩在齐胸襦裙外,再搭配上一条飘逸的披帛,是唐朝贵妇的典型穿搭。

图5-39 典型的唐朝女性服装:齐胸襦裙

圆领袍是唐朝男性最具代表性的服装,但女性也可以穿。这种圆领、窄袖的服装相传来源于胡服,在中原地区广泛流行。唐朝男性在穿着圆领袍时都会佩戴一种叫作幞头的帽子,这是一种用黑色纱罗制成的软胎帽。

坦领齐腰裙也是目前比较常见的一种唐朝服装。上衣坦领一般为半臂设计,内搭窄袖上衣,下身搭配齐腰裙。这种坦领齐腰裙异域感强烈,在古风视频拍摄中,一般用于敦煌、飞天、神话等题材的创作中,如图5-40所示。

4. 宋朝时期

随着程朱理学的发展，宋朝的文化开始转向简约、淡雅，崇尚"清水出芙蓉，天然去雕饰"的审美风格。宋朝的服装也经历着这种审美上的变化。宋朝早期的服装依旧沿袭唐朝特色，但是大袖衫只有命妇才能穿着，是一种贵族的礼服。理学思想对女性产生了极大束缚，女性服装用料精简、衣身袖口变窄，女性也不可再似唐朝女性那样袒胸露臂。

宋朝服装最典型的代表是**褙子**。褙子为对襟长衫式样，衣身有长有短，长可至膝盖位置，衣襟处可系带也可不系带。褙子的袖口相较于唐朝的服装更窄，衣身部分也更加修身服帖。宋朝女性下身多穿**百迭裙**，这种裙子裙身正面打褶，类似现代的百褶裙。层层细褶搭配修身的褙子，显得女子身形纤细、苗条，符合宋人以纤瘦为美的审美喜好，如图5-41所示。

图5-40 坦领齐腰裙常用于敦煌、飞天等题材的拍摄

图5-41 淡雅纤瘦的宋朝服装

宋制汉服是我们在古风视频拍摄中使用较多的一种汉服。宋制汉服更接近于现代服装的贴身剪裁方式，除了褙子还有对襟齐腰裙、交领齐腰裙等。这类汉服放量相对较小，穿着时相对贴身，更容易呈现出演员的肢体动作，所以也更适合动作较多的古风短视频。

5. 明朝时期

明朝的经济水平进一步发展，纺织工艺更加成熟，服装刺绣华丽，面料技术水平不断提高，所以明朝服装给人的第一感觉通常是富贵。明朝服装很少采用修身裁剪，一般放量较大，对身体的包裹感较强，整体感觉更加大气、庄重，如图5-42所示。相比于之前的服装，纽扣开始在明朝服装上大量出现，比如衣衫前襟的子母扣是明朝服装最常用的系结方式。明朝服装有圆领、竖领，有对襟、斜襟。

图5-42 富贵端庄的明朝服装

明制女性汉服的种类主要有袄裙、长衫、褙子、比甲、马面裙等，一般用料考究，上身后显得仪态端庄、气度非凡。也因为这样的特点，明制汉服在古风视频中一般用于一些仪式感较强的场景和内容的拍摄。明朝在我国历史上首次将红色作为官方认定的婚服颜色。明制婚服大气、庄重，以红色为基调，上面点缀精美的刺绣，如图5-43所示。女性婚服上有一种叫作"霞帔"的特色装饰，这种形美如彩霞的装饰物最早出现于宋朝，早年是皇后等后妃命妇的礼服上才有的，到了明朝，庶民女子出嫁时也可采用。此后，"凤冠霞帔"成为我国古代女性婚服的代称。

明朝男性的服装也非常有特色，主要类型有圆领袍、披风、氅衣、道袍等。明朝男性还有一种叫作曳撒的服装，如图5-44所示。这种服装最早为军服，便于将士骑射，后来演变为男性皆可穿着的服装。曳撒通常刺绣精美、纹饰华丽，非常大气贵重，影视剧中常出现的明朝锦衣卫"飞鱼服"就是由曳撒演变而来。

明朝男性根据身份地位的不同，会佩戴不同的帽巾，比如网巾，如图5-45所示。除此以外，还有幅巾、四方平定巾、乌纱帽等各类帽巾。

图5-43 精致华美的明制婚服

图5-44 明朝男性服装曳撒，又名"质孙服"

图5-45 明朝男性穿道袍，额前佩戴网巾

6. 清朝时期

元朝和清朝是我国历史上由少数民族统治的两个封建王朝，所以一般不将清朝和元朝的服装归入汉服领域。在这两个朝代，汉服在沿袭前朝特色的基础上，融入了较多少数民族服装的特色，如图5-46所示。

在清朝时期，汉人开始穿上满人的代表性服装——旗装，如图5-47和图5-48所示。这种直筒式的宽襟大袖长袍也叫作旗袍，在以清朝为历史背景的影视剧中我们经常可以窥见其身影。

图5-46 清朝汉族女性服装

图5-47 清朝满族女性服装1

图5-48 清朝满族女性服装2

古风短视频以清朝为背景的不多，笔者猜想，一是因为市场上销售的清朝服装较少，价格也较高，对一般的创作者来说资金压力较大；二是因为清朝服装放量大，将躯干和四肢隐藏在衣身中，只有头、手露出衣外，非常不利于表演动作，并且一般消费者和创作者对清朝服装都了解得较少。

影视服

影视服是影视剧拍摄中为角色量身定制的服装，不拘于时代等因素，我们前面提到的戏服，也是影视服的一种。古装影视服与汉服相比有很多不同，比如为了方便快速穿脱，多采用现代西式的立体化剪裁，也会使用拉链等现代工艺；为了塑造角色、渲染人物性格，也会使用大量现代的面料等；为了方便演员表演，一般放量较小，衣形更加修身。在古风视频拍摄中，我们也可以使用影视服。

古风短视频拍摄中所使用的影视服主要有以下几种类型。

1. 历史类

　　该类服装在外形上与汉服极为相似，在形制上较为考究。当然，影视剧中使用的历史类服装，还原程度也会根据剧本的类型有所不同，《汉武大帝》《大明王朝》等历史正剧中使用的服装会更加考究、严谨，而《武则天秘史》《还珠格格》等戏说类古装剧中服装的自由度则更大，如图5-49所示。

2. 神话传说类

　　因故事本身具有神话色彩，所以神话传说类的古装剧使用的服装自由度更大，服装设计师可根据相关资料和人物形象进行天马行空的创作。比如《西游记》《封神榜》《新白娘子传奇》等古装剧，都是基于古典名著或者历史传说改编的，剧中的服装大多没有历史依据，主要目的是呈现人物、塑造角色，如图5-50所示。但因其故事都发生在古代，所以这类影视服也属于古装，也可以为古风短视频所用。

图5-49 电视剧《还珠格格》中的服装（仿）　　　　图5-50 电视剧《新白娘子传奇》中的服装（仿）

3. 武侠类

武侠剧主要由武侠小说改编而来,有些武侠小说有相关历史背景。在这类武侠剧中,角色所穿的服装整体风格会符合故事发生的真实历史背景,但是会有更多创造性设计,以帮助呈现角色本身的特点。不同年代拍摄的武侠剧中的服装,也会根据时代审美进行调整,比如在不同版本的《神雕侠侣》中,演员所穿的服装风格是完全不同的,如图5-51所示。

图5-51 电视剧《射雕英雄传》中的服装(仿)

4. 仙侠玄幻类

仙侠玄幻类影视剧是近年来兴起的一种影视剧类型,其主要是根据玄幻类小说、游戏、漫画等作品改编而来,比如早年的《仙剑奇侠传》就是典型的仙侠玄幻类影视剧。

仙侠玄幻类影视剧中的服装相比于历史类、神话传说类和武侠类影视剧中的显得更加年轻化。仙侠玄幻类的主角多为年轻男女,故事也多围绕着主角的爱情进行,因此也有人将仙侠玄幻类影视剧归入古装偶像剧类影视作品。为了最大限度地美化人物、突出视觉美感,仙侠玄幻类影视剧的服装大多唯美飘逸、色彩丰富,形制上不会局限于某种朝代风格,同时为了更好地呈现角色动作,衣身和袖口部分大多采用紧身、窄袖设计,在视觉上呈

图5-52 电视剧《仙剑奇侠传》中的服装(仿)

现出上紧下松的特色。服装的配饰上也会采用一些流行时尚的设计元素，比如羽毛、蕾丝、钉珠等。服饰整体的色彩层次较为丰富，华丽与简约并存。因为这些特点，仙侠玄幻类影视服受一部分古风视频拍摄者喜爱，这类服装适合用于拍摄没有历史背景、故事架空，或以爱情为主题的古风视频，如图5-52所示。

5. 角色扮演类

角色扮演一般指利用服装、饰品、道具及化妆来扮演动漫、游戏及影视作品中的人物角色，如图5-53所示。很多读者会认为影视服就是角色扮演服，但其实影视服专指影视剧中角色所穿的服装，因此两者并不是一样的。另外，也有一部分人会将影楼服和影视服画等号，但影楼服是为了拍摄写真所定制的一种服装，大多造型夸张，不利于动态表演。大量影楼服还存在质感较差、设计简陋等缺点，因此不适用于古风视频的拍摄。

图5-53 扮演游戏中的角色

服装租赁、购买注意事项

那么，对于古风视频创作者来说，如何才能挑选到心仪的服装呢？

古风短视频拍摄中所使用的服装，主要通过购买和租赁两种方式获得。因为目前影视服的市场还属于起步阶段，所以影视服主要通过一些特定渠道租赁获取，而汉服的市场正发展得如火如荼。

租赁和购买汉服主要有以下渠道。

1. 在购物网站上搜索相关店铺

随着汉服市场的快速发展，汉服商家如雨后春笋般快速成长起来，对于古风视频创作者来说，可以在购物网站上多关注一些优质的汉服商家。跟现代时装一样，消费者对汉服越来越挑剔，汉服商家也会不断推陈出新，以迎合消费者的喜好。我们平时可以在社交媒体平台上多留心汉服的流行趋势，热门的汉服通常自带流量，也会反哺我们的视频，帮助我们的视频在网络上获得更多关注。

2. 在二手交易平台购买

对于古风视频创作者来说，购买二手汉服能够节约成本。一般消费者因为要自己穿着，通常会介意服装的瑕疵和新旧程度，但是对于拍摄视频来说，服装只要符合上镜要求即可。在购买二手汉服时，我们需要学会使用关键词搜索，一般将店铺名+汉服款式名作为关键词，就可以精准搜索到想要的二手汉服。此外，不论是新汉服还是二手汉服，我们都可以使用拍照识图的方式来进行搜索，这样能快速准确地搜索到我们想要的汉服。

3. 租赁方式获取

影视服的定价相对较高，对于视频创作者来说，通过租赁获得影视服可以节约很大一部分成本。

5.4 化妆

"云想衣裳花想容""鬓云欲度香腮雪""当窗理云鬓，对镜帖花黄"……女子精致的妆容和姣好的容颜向来让古代诗人不吝笔墨。中国古代丰富多彩的妆容给予了古风视频充分的创作空间。其实，中国古代化妆术起源非常早，在运城市垣曲县北白鹅女性贵族墓地中就发现了周朝的化妆品。魏晋南北朝时期，化妆不再是女性的专利，以风流自居的魏晋名士们涂脂抹粉、描眉点唇，化妆成为当时的社会风尚。唐朝社会风气开放，女性社会地位提高，已经不满足于简单的妆容，她们在脸上描绘精致的花钿、斜红、面靥等装饰。古典妆容中，光女性的眉形就有蛾眉、愁眉、远山眉、柳叶眉等几十种，如图5-54所示。

在古风视频拍摄中，为人物化妆可以起到以下作用。

● 化妆可以明确故事发生的历史背景。中国每一个朝代的妆容和发型特征都是不一样的，尤其是在涉及严谨历史题材的古风视频创作中，我们对人物的妆容和发型也需要进行严格考据。

● 化妆可以强调人物身份。江湖侠女与宫廷后妃的造型肯定是不一样的，在用镜头讲故事的视频创作中，人物造型能够快速交代人物身份。

● 化妆可以塑造人物性格。比如，同样是拍摄古风少女，双髻加刘海的造型适合灵动俏皮的少女，而垂鬟分髾髻的造型凸显的则是温婉沉静的少女形象。

● 化妆可以修饰和美化人物。在用光线来美化人物一节中，我们介绍了用光线来实现美颜效果，相比于光线，化妆是修饰美化人物最直接有效的方法。无论是五官的描绘还是轮廓的调整，化妆师可以帮助演员在镜头里呈现出更好的状态。

化妆工作一般由专业的古风化妆师完成。古风化妆师一般称作"妆娘"（不一定是女化妆师，也可能是男化妆师），图5-55所示为妆娘在给演员化妆。古风视频拍摄通常是需要多人一起配合完成的团队型工作，创作者无须掌握具体的化妆技术，但是对不同类型、风格的造型需要有一定的认知和了解，这样才能在前期与妆娘进行有效沟通，实现自己的创作想法，在拍摄过程中提高效率。

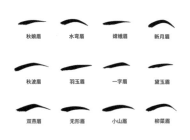

图5-54 种类繁多的中国古代女性眉形

图5-55 妆娘在给演员化妆

古风妆容与发型

古风视频中演员的妆容与发型，需要与人物服饰协调搭配。古风视频拍摄所使用的服装主要有汉服和影视服两类，这两类服装对应的妆容与发型分别为**古典复原类**（如图5-56所示）和**影视造型类**。

我们知道，汉服的形制多有历史依据，因此与汉服适配的**古典复原类**妆容与发型需要有一定的历史依据，能够尽量还原古代妆容与发型的特点。中国古代女性妆容与发型有一些共性：**底妆白**，因为古代女性使用的粉多为白色铅粉；脸上需要用**胭脂进行晕染**，因为脸部铺满白色铅粉后容易显得没有气色，所以需要用胭脂来改善；唇形追求"**樱桃小口**"的效果，所以唇部尽量描绘得小而精致；眉形多变，但是整体上追求又细又弯、长眉入鬓的感觉；会在脸部用花钿、鹅黄、斜红、面靥等进行装饰，妆容色彩丰富艳丽。古代无论男性还是女性皆**盘发**，再在头上佩戴发髻或者帽巾，这种盘发与现在古装剧中经常出现的披发造型是完全不同的。

古典复原类妆容与发型的参考依据为历史文献、古代画作等。比如敦煌莫高窟壁画中，就呈现了非常丰富且真实的唐朝人物形象。在我国早年的古装剧中，人物造型力求贴近历史，比如《红楼梦》的造型师杨树云就根据明朝的服饰特点与相关史料，为角色设计了非常唯美、古典的造型。

不同朝代的古典复原类造型既有一定的共性，也有其个性。一般来讲，年代越早，发型和妆容越简单，头饰越少。比如在秦汉时期，女性流行低发髻，将整个头发梳向脑后，挽成一个低低的发髻，如图5-57所示；在魏晋时期，服装追求飘逸灵动，女性的发髻种类繁多，比如有灵蛇髻、飞天髻、凌云髻等，如图5-58所示。在隋唐时期，女性造型整体上偏富贵、华丽，同时也呈现出异域特色，古风视频中常出现的敦煌飞天造型，就是出自唐朝时期，如图5-59所示。在宋明时期，女性造型偏向简约、大气，如图5-60所示，但是头饰和妆容却更加华丽富贵，比如宋代的莲花冠、珍珠妆，明代的凤冠、点翠等。

图5-56 古典复原类造型

图5-57 秦汉时期的造型

图5-58 魏晋时期的造型

图5-59 隋唐时期的造型

图5-60 宋明时期的造型

在清朝时期，宫廷女性多梳两把头或者佩戴大拉翅，上面有珠翠绢花，旁边坠上流苏，这样的造型在清朝背景影视剧中非常常见，如图5-61所示。

图5-61 清朝时期的造型

随着时代的发展，我国古装影视剧中的人物造型也发生了一些改变，造型设计不再要求严格符合历史，尤其在一些古装偶像剧中，人物造型可以天马行空、不受约束。随着仙侠玄幻剧的流行，一种简约、仙气、飘逸的古装造型开始流行。这种造型无论男女皆留着后披发，女性会在头顶前部梳简约的发髻并佩戴少量头饰，如图5-62所示，男性会将前部头发梳成一个发髻并用发冠或者发钗固定。

图5-62 影视风格的造型整体更加简约、飘逸

　　在角色妆容上，如非涉及特殊剧情，使用的色彩一般很少，唇形、眉形不要求古典、复原，整个妆面淡雅、清新、简约，如图5-63所示。这样的妆容配合轻盈飘逸的服装，使演员在整体视觉上显得年轻、唯美、灵动。近年来，这类影视风格造型也开始在古风视频中出现，适用于没有历史背景、架空、没有人物原型的古风视频。

图5-63 影视风格的妆容更加清新、淡雅

　　古风视频中的男性造型相对女性造型要更简约，但是做造型的过程却不简单。因为大多数情况下，男性演员需要粘贴**头套**。好的头套由真人发丝做成，发际线处是较为隐形的网纱，这样的头套粘贴上去后非常自然，如图5-64所示。

图5-64 古风男性头套造型

但是好的男性头套价格较高,对化妆师的技术要求也较高。我们可以根据角色设定选择合适的帽子、头巾等装饰物给男演员直接戴上,这样可以节约很多拍摄成本,如图5-65所示。我们也可以直接用男演员已有的头发打造古风造型,如图5-66所示。

图5-65 让男演员戴帽子比粘贴头套要方便得多

图5-66 直接用男演员已有的头发打造古风造型

对于古风视频创作者来说,在人物造型的设计上可以自由一些,在前期构思的时候可以天马行空,根据自己对人物的理解为人物设计造型、寻找参考。在后期落实阶段,我们要学会跟化妆师沟通,在一些涉及历史典故或者有人物原型的创作中,尽量考据历史,追求古典风格。大部分时候,我们可以拓宽思路,以符合人物设定、视觉唯美为人物造型的主要目标。

古风头饰与配饰

唯美古典的古风造型,离不开头饰与配饰。我国古代女性的发饰有很多,配饰也非常有特色。头饰和配饰能够彰显人物身份,进一步修饰和美化人物造型,也是古风视频中的看点和亮点。

古风视频中女性使用和佩戴的头饰主要有发簪、发钗、步摇、梳篦、珠花、发冠、发带等。

发簪和发钗是一种杆状物,既可以起到固定发髻的作用,也可以作为装饰物来装点发型,如图5-67和图5-68所示。发簪和发钗的区别在于发簪是单杆的,而发钗是双杆的,发钗是由发簪演变而来的。在中国传统文化中,发钗不仅是一种女子常见的发饰,也是男女爱情的象征,常作为定情之物。在古风视频中,发钗也是一种经常出现的道具。

图5-67　发簪

图5-68　发钗

　　步摇是一种在钗头上用金银打造出花鸟、凤凰、蝴蝶等形态的装饰物，下坠流苏。当女子佩戴步摇行走时，钗头的装饰物颤悠悠的，栩栩如生，仿佛活了一般，如图5-69所示。唐代诗人白居易在《长恨歌》中，用"云鬓花颜金步摇"来描写杨玉环富贵华丽的装扮。

图5-69　步摇

　　梳篦是用来梳理头发的工具，如图5-70所示。齿距较近的梳子就叫作篦子。在唐朝，女性爱美已经成为一种社会风气，她们随身携带整理发丝的梳篦，这些梳篦制作精美、小巧，后来她们索性直接把梳篦戴到头上。"满头行小梳，当面施圆靥"，唐代诗人元稹在《恨妆成》一诗中就描写了当时这种头上戴梳篦的"热门发型"。

图5-70　梳篦

珠花是一种花朵状的装饰物，它不仅可以用金银、玉石、玛瑙等材料做成，也可以用绢、丝、绸等材料做成，如图5-71所示。在《红楼梦》中，周瑞家的给林黛玉送宫花这一情节中所描写的"宫花"，就是用纱做成的假花。珠花不仅有花朵形态，也有竹叶、蝴蝶、虫鱼、果实等各类形态。

图5-71 珠花

发冠也是古风视频中常见的一种头饰，如图5-72所示。男性的发冠一般体积较小，用来约束盘在头顶的发髻；女性的发冠则形态多样。宋朝的发冠多为高耸入云的样式，这种样式能在视觉上拉长佩戴者的身形，符合宋朝以瘦为美的审美偏好。宋朝发冠形态多样，主要有团冠、花冠、珠冠等。在以宋朝为背景的古装剧《清平乐》中，我们可以见到各种各样的发冠。在宋明时期，命妇会佩戴华丽的凤冠，上面有金银、玉石。

图5-72 发冠

另外, 在古风造型中, **发带**也是一种常用的装饰物, 男女皆可使用, 一般垂于脑后, 和后披发搭配使用, 如图5-73所示。在拍摄一些舞蹈、武打等强调演员动作的古风视频中, 发带能够为画面增加唯美、飘逸的感觉。

图5-73 发带

除了头饰, 还有一些配饰可以搭配服装一起使用, 能起到画龙点睛的作用。

面帘、面纱通常用在异域风格的古风造型中, 如图5-74所示。演员佩戴面帘或者面纱时, 露出眼睛, 下半张脸若隐若现, 有一种朦胧神秘的美感。在古风视频拍摄中, 我们可以用面纱被风吹落这一镜头来凸显对人物的惊鸿一瞥, 适用在人物出场部分。

图5-74 面帘和面纱

斗笠和幕笠等适合用在武侠江湖题材短视频的拍摄中, 如图5-75所示。在武侠片中, 神龙见首不见尾的大侠都喜欢佩戴斗笠, 自带江湖气息。在斗笠上加上纱帘等遮挡物的叫作幕笠, 幕笠跟面纱起到的作用类似, 如果想营造人物的神秘气息, 可使用幕笠。

图5-75 斗笠和幕笠

禁步是一种特殊的玉佩,如图5-76所示。将各种不同形状的玉佩穿成一串系在腰间,用于压住裙摆和衣襟,这样的装饰物就叫作禁步。禁步和步摇有异曲同工之妙,佩戴者如果行动幅度过大、动作过快,禁步就会发出强烈的声响,步摇也会乱颤,反之,禁步发出的声响和步摇的颤动会更加有节律。因此,禁步既是一种装饰物,也是用来约束古人行为举止的一种工具。

图5-76 禁步

璎珞和项圈是颈部的装饰物,如图5-77所示。璎珞是由珍珠、玉石等串联在一起而成的项链,璎珞在唐朝时期传入中国,在敦煌壁画中可以见到。项圈是一种环状的饰品,在《红楼梦》中,薛宝钗就佩戴着一个錾着字的金项圈。在古风视频拍摄中,璎珞可用于飞天等异域题材的拍摄,项圈可用于偏富贵的明制造型中。

此外、古风造型中还可以使用耳饰、戒指、手链、臂钏、抹额（如图5-78所示）等装饰物。通常情况下，古风造型中所使用的头饰、配饰等装饰物由化妆师提供，拍摄完成后再归还给化妆师。因此，在实际拍摄中我们应与化妆师多沟通，以实现自己对于人物造型的构思和想法。

图5-77 项圈和璎珞   图5-78 抹额

古风视频的化妆注意事项

古风视频拍摄中演员的化妆工作可以由创作者自己完成，但是大部分时候，古风视频拍摄是一项需要很多人一起通力协作的工作。所以，我们应该让专业的人做专业的事情。

妆娘是古风视频拍摄中的专业化妆人员。妆娘在古风视频拍摄中所承担的工作内容主要有演员造型整体设计，为演员化妆、做发型，以及根据剧情和人物需要对演员进行特效化妆（比如受伤妆、老年妆、鲛人妆、白鹤妆等）。古风视频创作者在与妆娘的合作中，需要注意以下几点：

● 古风视频创作者最好和妆娘达成长期稳定的合作，因为每一位妆娘擅长的化妆风格是不同的，经过一段时间的磨合后，双方在以后的视频拍摄中工作效率会更高。

● 视频拍摄对妆娘的技术要求较高，在拍摄古风写真时，如果妆容和发型有瑕疵，可以通过后期修图软件进行修正弥补，并且照片一般多拍摄模特的正面、侧面。但是视频通常会对演员进行多角度、多景别的拍摄，妆容和发型中的瑕疵更容易暴露在视频画面中，视频后期制作软件还达不到后期修图软件的自由度。因此，拍摄视频时，妆娘需要照顾到演员全方位的造型，如图5-79所示。

侧面

背面

正面

图5-79 古风视频演员不同角度的造型

● 妆娘一般只负责造型的打造，而造型是否符合视频中故事的发生背景、朝代特征、角色身份、人物性格等，是古风视频创作者需要在前期工作中明确的。我们可以就造型的整体设计问题与妆娘进行讨论沟通，并形成一个完善的造型思路，如图5-80所示。

● 古风视频并不要求造型要完全复原古人，毕竟我们并不能知道古人到底如何化妆梳头。就像古装剧是一种影视剧类型一样，古风短视频也是众多短视频中的一个类型。在造型上，我们可以结合现代流行的造型元

十二花神系列原创古风 MV 拍摄方案之桂花神徐慧

造型设计

画风：素雅、清丽、宫廷

服装：齐胸襦裙

色系：鹅黄、深绿、淡蓝、浅粉

少女服装：素雅、简约、纯色

贵妃服装：素雅但是奢华，符合后妃的形象，妆容可有花钿点缀

主场景

外景：山野、桂花

内景：闺阁、书房

图5-80 拍摄前期对造型进行构思与设计

素，但是在整体风格上，要坚持中式古典的风格，切忌出现太多现代造型痕迹，否则容易让观众出戏。

● 平时可以多做一些造型灵感的积累。在古风视频创作中，造型的灵感来源主要有古装影视剧中的人物造型，古风摄影师拍摄的照片，古风类电视节目、广告，其他优质古风视频中的造型。我们可以将平时所看到的造型收藏整理成造型灵感库，如图5-81所示，以备不时之需。

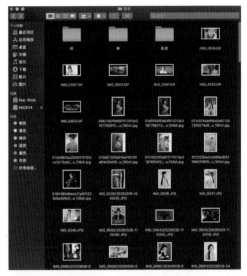

图5-81 造型灵感库

5.5 道具

在影视剧剧组中，有专门的道具组为拍摄提供各类道具，这些道具可分为大型道具和小型道具。道具组需要跟美术部门的置景组合作，在场景搭建完成后，根据导演的意图在场景中添加和布置大型道具，让一个空荡荡的房间变成一个符合故事设定的特定场所，这类大型道具也叫作置景道具。此外，道具组也需要和服化组合作，根据剧本中的人物设定，为演员添置可以携带、佩戴的小型道具，这样的道具也叫作随身道具。古风视频的拍摄也需要各种各样的道具，大到房间里的一套桌椅，小到演员头发上一朵珠花，都需要经过创作者的精心设计与挑选。

置景道具

打造一个简易摄影棚小节简单介绍了一些古风摄影棚内置景所用的道具。通常情况下，古风摄影棚内的硬装部分是不可改变的，比如墙壁、地面、门窗、梁柱等，但是软装和道具部分是可以自由移动和布置的，这就给我们的创作提供了较大的自由度。

同样一个只有硬装的古代风格房间，我们为其添置上书桌、文房四宝等道具，它就变成了一个书房，但是如果我们将置景道具换成梳妆台和贵妃榻，它就变成了一个古代女子的闺房。所以，道具是可以讲故事的，它能够帮助观众理解故事的发生背景，明确角色设定。比如，我们对闺房场景做进一步的细化，可以在贵妃榻前悬挂上纱帘，在梳妆台上放置铜镜和胭脂水粉、还可以在墙上悬挂一幅仕女图……这样的布置会让观众认为房间的主人是一位宫廷贵妃或者富贵小姐。所以，道具可以帮助我们营造场景氛围，进一步交代人物背景、身份细节。古风视频拍摄中的置景道具布置工作通常和布景工作结合在一起。按照道具的功能,置景道具主要分为以下类型。

家具类: 主要包括床榻、桌椅、橱柜、屏风隔断、窗帘门帘等,如图5-82所示。如果通过租赁古风摄影棚的方式拍摄室内场景,大部分家具都是固定的,我们不可以随意替换。因此在挑选古风摄影棚时,我们首先要明确家具的风格与视频的主题、故事发生背景、人物造型是否协调。比如同样是用于睡觉的床,在唐朝以前大多是简约、低矮、四面无遮挡的床榻,明清后才有装饰繁多、设计精美的拔步床、架子床、罗汉床等。此外,矮桌、花架、衣架、屏风、条案、地毯等也是非常具有古典气息的家具,在古风视频中也经常出现。

图5-82 贵妃榻、屏风、花架

生活起居类: 可以理解为古人的日用品,比如文人雅士用来品茗的茶具,古代女性用于梳妆的铜镜、首饰盒、梳子,还有酒杯酒壶、厨具餐具、被枕垫席等,如图5-83和图5-84所示。这类道具一般在场景中不是固定的,在拍摄时可以根据故事和人物需要,有针对性地在场景中进行添置。

图5-83 胭脂水粉

图5-84 杯盘器皿

休闲娱乐类： 主要用于拍摄古人休闲娱乐的场景，比如古琴、竹笛、玉箫、琵琶、手鼓等乐器类道具，围棋、投壶、风筝、蹴鞠、剪纸、皮影、面具等游戏类道具，毛笔、墨水、砚台、笔架、镇纸、线装书、竹简等书写类道具，如图5-85和图5-86所示。

图5-85 笔墨纸砚等

图5-86 古琴

室内装饰类： 对室内环境起到装点和美化作用的道具，比如仕女图、山水画、花鸟画等卷轴挂画，兰草、文竹、仿真花、料器花等花木盆景；纱帘、绣帘、布帘、珠帘、草帘、竹帘、透纱屏风等隔断物，香炉、手炉、薰球、香囊等用于室内熏香的器具，如图5-87所示。

照明灯具类： 我国古代的照明灯具多种多样，古风视频拍摄中常见的照明灯具类道具有蜡烛以及各类烛台、台式灯笼、立式灯笼、悬挂式灯笼等，还有兼具照明与装饰功能的走马灯、莲花灯、陶瓷灯，以及造型各异、精美华贵的宫灯等，如图5-88和图5-89所示。

图5-87 香炉

图5-88 蜡烛、烛台

图5-89 灯笼

随身道具

　　古风视频拍摄中的随身道具一般和人物的造型匹配。与相对固定的置景道具比较，随身道具种类繁多，能够在拍摄中起到至关重要的作用。

　　首先，随身道具通常是人物造型的一部分。比如各种头饰、配饰等道具能够起到美化装饰人物，交代人物背景的作用，如凤冠霞帔揭示人物的新娘身份，佛珠手串则暗示了主人公出家人的身份。另外，随身道具能够引导演员的动作，丰富演员的肢体语言，辅助演员的表演，丰富画面内容，让人物与场景产生互动。比如，在武侠题材的古风短视频中，刀剑等武器一定是主人公必不可少的随身道具。

　　其次，随身道具可以作为影响情节发展的至关重要的道具。在《秦淮八艳·李香君》这个短视频中，有一个至关重要的道具——桃花扇，如图5-90所示。这把扇子原是女主角李香君随身携带的日常用品，也是男女主角的定情信物。后来李香君受奸人所迫，自毁容颜，血溅折扇。

星星点点的血迹洒落在折扇上，被李香君的好友杨龙友加工绘制成盛开的桃花。这把桃花扇也因此揭示了女主角的命运以及男女主角之间的真挚爱情。

图5-90 《秦淮八艳·李香君》中的关键性道具——桃花扇

　　扇子类是古风视频中常见的随身道具。除了上面所说的折扇，还有刺绣精美的团扇、素雅简约的竹扇、色彩艳丽的羽毛扇、形态各异的异形扇（刀扇、蝴蝶扇、芭蕉扇、如意扇、飞仙扇等），如图5-91所示。无论是日常行走坐卧还是做舞蹈动作，都可以让视频中的女子手拿扇子，各色扇子不仅能装点女子，也能够让女子动作丰富、体态婀娜，凸显出女子秀气文雅的古典美。古风视频中的男子手持折扇，能够增加风流倜傥的气质。

团扇

折扇

竹扇

羽毛扇

异形扇

图5-91 各种扇子

武术类主要有刀、剑、弓箭、匕首、鞭子、绳索、棍枪等用于拍摄武打场面的道具，如图5-92和图5-93所示。需要注意的是，为了安全起见，我们在拍摄中所使用的武器一般都是不开刃的，如无专业人员指导，不要使用已经开刃的武器。另外，即使是道具，有些公共交通工具上也限制携带，我们在外拍前需要弄清楚，以免耽误拍摄。

图5-92 剑

图5-93 弓箭

配饰类主要包括头饰和衣衫上的配饰。发簪、发钗、梳篦、发冠、步摇、流苏、珠花等装点着古代女子。而玉佩、禁步、香囊、扇坠等不仅能够装饰人物，也能够引导情节的发展。比如在中国传统文化中，香囊通常作为男女定情信物，在古风视频中，我们可以用香囊来暗示主人公的情感走向，如图5-94所示。

伞是古人出行时常备的一种工具，古代的

图5-94 香囊

伞多为油纸伞。在古风视频的拍摄中，油纸伞不仅能够在雨天使用，在晴天时使用能够起到柔化光线的作用，如图5-95所示。除此之外，真丝伞是很多创作者喜欢的古风道具之一，其伞面由半透明的丝绸做成，透过伞面能隐约看到人脸，有一种朦胧唯美的感觉。但是需要注意，这种真丝伞只能在晴天使用，而不能用于雨中拍摄，如图5-96所示。

图5-95 油纸伞

图5-96 真丝伞

　　此外，除了一些较重、体积较大的置景道具，生活起居类、休闲娱乐类、照明灯具类道具都可以在外拍中使用，成为随身道具。比如，灯笼就是古风视频拍摄中经常出现的照明灯具类随身道具。此外，有一种装饰华丽、造型典雅的绛纱灯，在外拍时让模特手拿着它，整体就会呈现出古典的感觉。各种照明灯具类道具如图5-97所示。

手提灯笼

手提宫灯

孔明灯

荷花灯

图5-97 各种照明灯具类道具

莲花灯

绛纱灯

图5-97 各种照明灯具类道具（续）

选购与配置道具

古风视频拍摄中的随身道具可以通过购买和租赁获取，而家具类的置景道具大多是包含在古风摄影棚内。

古风道具的**购买渠道**主要有以下两种。

● 以淘宝为主的购物网站。

● 以闲鱼为主的二手闲置物品交易平台。

古风道具也可以通过**租赁渠道**获得，比如淘宝、闲鱼等平台上有专门租赁道具的店铺，可以利用古风+道具名等关键词进行搜索；有些古风摄影棚也会提供道具租赁服务。租赁古风道具的流程和租赁汉服的流程大致相同。一些使用频次较高、容易消耗、价格不高的道具建议大家自己购买，比如古风视频拍摄中经常使用的蜡烛、扇子、油纸伞等。

我们在配置道具时，有以下几点注意事项。

● 道具的选购应该在拍摄准备阶段完成。对于一些需要呈现时代气质，与人物角色、故事情节紧密相关的道具，我们一定要精挑细选。注意不要犯一些历史常识性错误，比如唐朝以前记录文字的工具是卷轴和竹简，如图5-98所示。类似现代书籍形式的线装书在宋朝才开始出现，如图5-99所示。

图5-98 唐朝前使用竹简和卷轴

图5-99 宋朝以后开始出现线装书

● 一些道具起着传递信息的作用，这类道具一定要精练、准确。比如在古风视频《十二花神·徐惠》中，徐惠本是唐太宗李世民的宠妃，也是十二花神中的十月桂花神。因此在短视频中，用桂花糕、桂花酒、桂花树来表现徐惠备受李世民恩宠，也暗暗契合了徐惠桂花神的身份，如图5-100、图5-101、图5-102和图5-103所示。还有一些道具起着渲染氛围、装饰场景的作用，这类道具一般在使用时需要注意强调数量和密度。比如在拍摄水边放花灯这一场景时，我们可以使用较多的花灯来点亮水面，营造水光灯影的气氛。如果水面只有一两盏花灯，场景就会显得单调、乏味。

图5-100 古风视频《十二花神·徐惠》中的道具：桂花糕

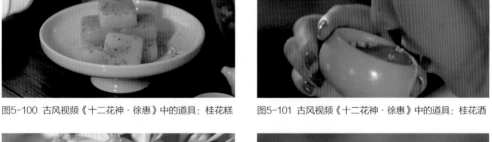
图5-101 古风视频《十二花神·徐惠》中的道具：桂花酒

图5-102 古风视频《十二花神·徐惠》中的道具：桂花树

图5-103 古风视频《十二花神·徐惠》中的道具：桂花

● 还有一些道具需要特别定制，因为并非所有道具都能够在网上购买或者租赁到，如果实在搜寻不到，则需要我们自己制作或者找专人制作。比如古风视频《十二花神·石榴花》讲述了唐代书法家张旭观看公孙大娘舞剑后受到启发，从此书法水平大有长进的故事，杜甫将这个故事又写进了《观公孙大娘弟子舞剑器行》一诗中。因此在片中，我们需要用这首诗的书法作品作为道具，用书法来表现公孙大娘舞剑的行云流水。但是，网上并没有符合要求的书法作品售卖，演员也没有书法基础。这时我们找到了一位擅长书法的朋友，邀请她专门书写了《观公孙大娘弟子舞剑器行》这一幅书法作品作为拍摄的道具，达到了良好的视觉效果，如图5-104所示。另外，一些屏风隔断、雕花门窗等家具可以找木工定制，这些道具只是用于拍摄，在质量、材质方面并无较高要求，只要外形满足拍摄需求即可。

图5-104 定制道具：《观公孙大娘弟子舞剑器行》书法作品。作者：薛芮

第 6 章

古风视频的后期制作

后期制作是短视频制作中的一个重要环节，甚至承担着二次创作的任务。一堆杂乱无序的视频素材，经过剪辑、声音处理、调色、包装等一系列的后期制作环节，能够变成一部具有电影感的短视频。本章将结合具体的案例，为大家讲解古风视频的后期制作。

6.1 常用的剪辑软件

无论是以画面呈现为主的古风音乐视频,还是以讲故事为主的古风剧情片,古风视频的后期制作都可以按以下几个步骤进行。

(1) 素材的整理与归类。

(2) 剪辑思路梳理。

(3) 视频导入与粗剪。

(4) 声音制作。

(5) 视频调色与人物美化。

(6) 整体包装与完善。

(7) 视频导出。

其中,第四到第六步骤也叫作视频的精剪,这一过程通常会涉及反复修改与调整。

这些后期制作步骤需要使用剪辑软件。目前,我们使用的剪辑软件主要分为手机剪辑软件和计算机剪辑软件。

手机剪辑软件

图6-1 一些常见的手机剪辑软件

近两年,短视频行业飞速发展,很多短视频公司都推出了功能强大的**手机剪辑软件**。比如,抖音推出的短视频剪辑软件——剪映,其功能非常强大,除了普通剪辑软件所具备的剪辑、特效制作、音乐添加、美颜等功能外,还可以自动添加字幕等,是一个高效、便捷的短视频剪辑软件。另外,类似的手机剪辑软件还有秒剪(微信旗下)、必剪(B站旗下)、iMovie(iOS系统自带)、爱剪辑、快剪辑、Videoleap等,如图6-1所示。

手机剪辑软件降低了视频制作的门槛,但手机剪辑软件也具有一定的局限性。比如,手机剪辑软件适配的素材大部分是手机拍摄的视频素材,如果用手机剪辑软件剪辑相机拍摄的素材,会出现卡顿;手机剪辑软件不能够对素材进行更加精细化的操作,如针对画面局部的单独调色以及精细化的瘦脸瘦身等操作;手机剪辑软件通常会自带大量的包装模板,这些模板虽然方便用户操作,能提升视频剪辑的效率,但是也限制了用户创作的自由度。

因此,想要进一步提升视频制作的质量,我们需要更加专业的**计算机剪辑软件**。

计算机剪辑软件

目前，比较主流的计算机剪辑软件主要有Adobe公司的Premiere、苹果公司的Final Cut Pro，以及Blackmagic Design公司的DaVinci Resolve（达芬奇），如图6-2所示。

这3款剪辑软件各有所长：Premiere与Adobe公司的其他软件（比如Photoshop、After Effects等）之间的交互更加方便自由；结合苹果电脑的硬件，Final Cut Pro能够在macOS系统下实现更加流畅稳定的剪辑工作。另外，Final Cut Pro自带的包装模板也比其他两款软件更加丰富，适合一些有视频包装需求的用户。

达芬奇其实最早是一款专业的视频后期调色软件，但是随着更新迭代，其剪辑和包装功能愈发强大。在新版本的达芬奇中，用户基本能够实现一个软件完成全流程的视频后期制作。因此，达芬奇也越来越受到视频创作者的喜爱。

达芬奇是目前笔者在古风视频创作中使用最多的一款剪辑软件。接下来笔者将以达芬奇为例向大家演示古风视频的后期制作流程。

图6-2　3款主流计算机剪辑软件

认识达芬奇

随着软件的更新迭代，目前达芬奇已经成为一款将剪辑、调色、特效制作、音效添加等各项后期制作功能融合在一起的软件，便于开展专业的影视后期制作工作。另外，达芬奇精细化的调色功能和强大的人物美化修饰功能，能够帮助创作者创作出唯美的古风短视频。

1. 达芬奇的下载和安装

在达芬奇官网上有软件的下载链接，需要注意的是，达芬奇官网提供了免费版和工作室版的软件供不同用户下载，如图6-3所示。工作室版提供了降噪功能、更多的特效插件，并支持更高分辨率的素材。

启动达芬奇后，首先进入的是达芬奇的项目设置页面，如图6-4所示。单击页面上的"新建项目"按钮，在打开的"新建项目"对话框中单击"创建"按钮，即可创建新剪辑项目。

图6-3 两个版本的软件

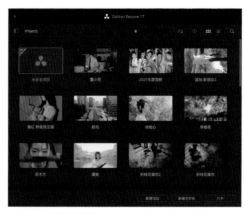

图6-4 项目设置页面

2. 达芬奇的布局

接下来需要认识一下达芬奇的布局。工作界面底端为页面导航栏，依次分布着"媒体""快编""剪辑""Fusion""调色""Fairlight""交付"这7个图标，如图6-5所示。单击对应的图标，即可进入相应的操作页面。在这7个操作页面中基本可以完成所有视频后期制作工作，因此能够极大地提高后期制作工作效率。

在古风视频的后期制作中，主要用到的是"媒体""剪辑""调色""Fairlight""交付"这5个页面，而"快编"和用于特效制作的"Fusion"页面使用得非常少。

单击"媒体"图标■进入"媒体"页面，这个页面主要用于素材的导入和管理，如图6-6所示。左上角为"媒体存储"面板，单击对应的磁盘目录，找到素材存放的文件夹，单击素材，素材监视器会显示素材的实时预览，可以方便用户快速挑选想要的素材。最右边的"元数据"面板会显示此条素材的大小、帧率等各种具体信息。挑选完合适的素材后，可以用鼠标将素材拖到下方的媒体池中，以备下一步的剪辑操作使用。

图6-5 7个工作页面切换图标

图6-6 "媒体"页面

单击"剪辑"图标▦进入"剪辑"页面，大部分的剪辑工作都在此页面完成，如图6-7所示。在左上方的媒体池中，可以看到刚才在"媒体"页面中挑选出来的素材。中间及右侧有两个监视器窗口，左边的是素材监视器，右边的是时间线监视器，可以分别浏览媒体池中和时间线上的素材画面。页面右上角有3个按钮，分别用于切换相应的工作面板。其中"检查器"是用户在剪辑操作过程中最常使用的面板，它可以针对单个素材进行缩放、旋转、裁切、镜头校正等各项基本操作。页面的左下角为特效库，可用于对素材添加特效、转场、字幕等。页面的右下方为时间线，素材的剪辑、拼接，添加音乐、音效及字幕等各项工作都需要在时间线上完成。时间线上方有一排剪辑工具按钮，选中素材、切断和链接素材的一些基本工具都存放在此处。

图6-7　"剪辑"页面

当剪辑工作基本完成后，就可以进入"调色"页面对每一个素材进行调色，如图6-8所示。页面的左上角为LUT面板，用户可以使用软件自带的LUT或者导入的LUT对画面进行快速调色。素材调色完成后，可以截取静帧保存在画廊中，中间的监视器可以实时展示视频的调色效果。

监视器旁的"节点"面板是达芬奇调色工作流程中最核心的操作区域，节点可以简单理解为对每一步调色流程的记录。页面右上角的Open FX面板是在调色过程中选择特效的区域，选择所需的特效并拖到节点上，就可以为素材添加特效。单击"时间线"按钮▦或者"片段"按钮▦，可以分别以时间线或者素材片段缩略图的方式对每一个素材片段进行预览。下方的"调色功能"面板是对视频进行调色操作的主要工作面板，我们可以使用色轮、曲线、窗口、跟踪器及分量图等各项工具对画面色彩进行调整。后面的调色实操环节，会对其进行详细的讲解。

单击"Fairlight"（页面导航栏）图标♫即可进入"Fairlight"页面，如图6-9所示。在这个页面中可以完成对时间线上的声音素材的编辑。中间的音频表会实时显示音量高低。右边的监视器可以预览视频画面，在下方的时间线可以看到放大的音频波形，对声音的大部分操作可以使用页面中的音频特效库和调音台进行。在古风视频的后期制作中，主要有音乐剪辑、添加音效及背景音乐、声音降噪等操作，相对比较简单。视频是声画合一的作品，如果想要提升作品的质量，就不能忽视视频中的声音处理。

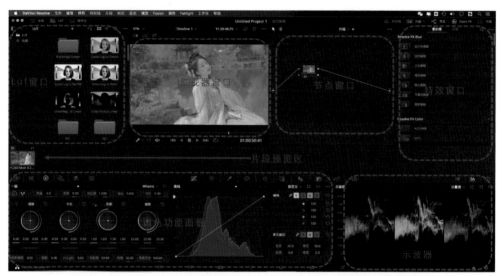

图6-8 "调色"页面

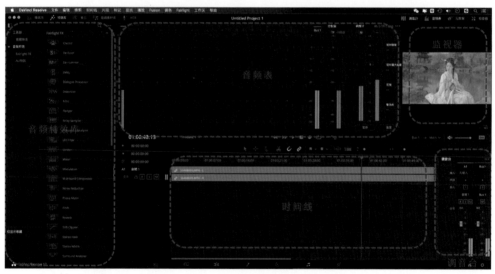

图6-9 "Fairlight"页面

当剪辑工作完成后,我们需要进入"交付"页面对视频进行渲染和导出,如图6-10所示。在左上角的"渲染设置"面板中,我们可以对视频导出的格式、名称、保存位置等进行详细的设置。中间的监视器可以帮助我们进一步检查视频画面。最右边为渲染队列,这个项目中的所有渲染工作都可以在渲染队列上呈现。下方的片段预览窗口和时间线与"剪辑""页面"和"调色"页面是一一对应的。需要注意的是,我们必须在时间线上确定素材的入点和出点,否则软件会默认导出整条时间线。我们可以移动鼠标指针到素材最前端,然后单击鼠标右键并选择"标记入点",再将鼠标指针移动到素材结尾部分,单击鼠标右键并选择"标记出点",这样就完成了需要导出的素材片段的标记。最后,单击"添加到渲染队列"按钮,单击渲染队列下方的"Render All"(开始渲染)按钮,就可以等待作品的诞生了。

图6-10 "交付"页面

6.2　剪辑实操

目前社交媒体平台上的古风短视频层出不穷,但总结起来无非两种类型:古风音乐视频和古风剧情片。在此基础上,古风短视频又有很多细分类型,比如汉服秀、古风变装视频、汉服妆造视频、古风短剧等。

古风音乐视频和古风剧情片在剪辑顺序上稍有不同。古风音乐视频以背景音乐来串联画面,整体作品以呈现画面美感、凸显氛围和意境为目的,不要求故事逻辑,但是画面和画面之间的衔接要遵循一定的规则。古风剧情片则以讲故事为主,以剧情流畅、情节通顺为主要目的,以人物对白、镜头逻辑、剧情情节来衔接画面。当然,古风剧情片也可以使用音乐来烘托氛围、交代剧情。

古风音乐视频的剪辑顺序主要为寻找合适的音乐—音乐段落划分—打标记点—素材筛选—插入素材—镜头衔接(景别、轴线、动作、视线、运动)—处理转场—镜头调色—人物美化—再次精剪—字幕包装—渲染导出。

古风剧情片的剪辑顺序主要为导入素材—素材筛选—剧情剪辑(景别、轴线、动作、视线、运动)—铺垫音乐(氛围)—旁白音效—处理转场—镜头调色—人物美化—再次精剪—字幕包装—渲染导出。

素材的整理与归纳

　　一部古风视频作品的素材种类很多，有我们拍摄的视频素材，还有音乐、音效、旁白、幕后音、字幕、图片等。在进行剪辑之前整理素材，能方便后期的剪辑工作。

　　我们可以将需要的素材都放置在一个文件夹中，在文件夹中再按照类型对素材进行分类，如图6-11所示。比如，可以按照拍摄场景对视频素材进行分类，如图6-12所示。在古风剧情片的剪辑中，对视频素材的分类尤其重要，因为古风剧情片通常涉及较多场景，每个场景对应特定的剧情。

　　此外，如果我们进行了多机位的拍摄，还可以按照机位进行素材分类，因为在剪辑时，可能会涉及不同机位素材的匹配问题。在前期做好素材整理与归纳工作，方便我们在达芬奇中导入素材。另外，如果有多人参与剪辑，这样后期素材的还原也会比较方便，以免发生素材找不到、链接不到原素材的情况，导致后期制作的工作效率低下。

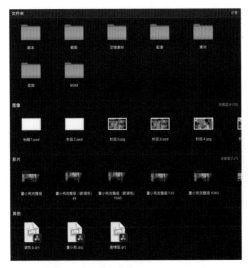

图6-11 按照不同类型进行分类

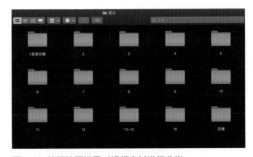

图6-12 按照拍摄场景对视频素材进行分类

视频粗剪

1. 新建时间线

　　素材整理好后，我们打开达芬奇并新建一个项目。首先我们进入"媒体"页面，将刚才整理好的素材文件夹直接拖到媒体池中，如图6-13所示。也可以在媒体池中单击鼠标右键，在快捷菜单中选择"添加媒体夹"命令，如图6-14所示，以便对素材进行进一步的整理归类。

　　接下来我们进入"剪辑"页面，开始进行剪辑工作。首先，我们要新建一条时间线，时间线的格式就是我们要导出的视频的格式，通常情况下也是我们拍摄的素材的格式。选择"文件"|"新建时间线"命令，如图6-15所示，在弹出的对话框中设置好时间线的名称与格式等，如图6-16所示，单击"创建"按钮，即可完成时间线的创建。

图6-13 拖入素材文件夹

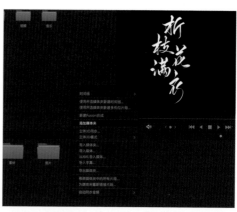

图6-14 添加媒体夹

图6-15 选择"新建时间线"命令

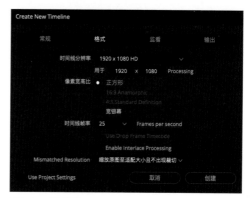

图6-16 时间线设置

2. 根据音乐节奏整理视频

我们以古风音乐视频《折枝花满衣》为例,为大家讲解剪辑与调色的步骤。在古风音乐视频作品中,音乐是串联画面的核心要素,镜头画面要和音乐的节奏、情绪及歌词等契合。所以,剪辑的第一步是要对音乐进行理解和划分。

在这里插入一个简单的音乐知识。流行音乐通常由**前奏、主歌、副歌、间奏、尾奏**几个部分组成。主歌和副歌是一首音乐里歌词演唱的部分,其中副歌也被称为一首音乐的高潮部分,是整首音乐中最有记忆点的部分。通常情况下,一首音乐在第一段主歌、副歌演唱完毕后会接一段间奏,然后再接一段主歌、副歌。所以,通常情况下一首3~5分钟的音乐包含了两段主歌、副歌。

因此,如果我们想要把音乐自然无痕地剪短,又保留整体性,可以把第二段主歌、副歌部分或主歌部分剪掉,然后接上尾奏。这样的音乐听起来还是完整的,但是却缩短了,因此可以自由适配我们拍摄的视频素材。

将媒体池中的音乐素材拖到时间线上,音乐素材自动生成波形,波形能够让我们"看"到音乐的节奏。接着,我们对整段音乐的各个部分进行划分,按空格键播放音乐素材,当前奏结束时,单击工具栏中的"标记",素材上出现一个标记符号。接着分别在主歌结束时、副歌结束时打下标记符号,这样一首音乐的段落就被清晰地划分了出来,如图6-17所示。这样做能帮助我们理清剪辑思路，在不同的音乐段落中放置不同场景、不同内容的视频素材。尤其较长的古风音乐视频的剪辑中，这样能够让我们形成清晰的剪辑思路。

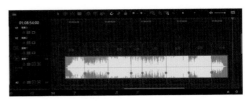

图6-17 划分音乐段落

接下来，我们需要根据不同的音乐段落，把视频素材添加到时间线上。在前期策划和拍摄中，我们根据歌曲本身的歌词与意境，拍摄了"赏花""采花""绘花""藏花"这4组片段。其中，"赏花"和"采花"为外景片段，"绘花"和"藏花"为内景片段。剪辑的核心思路是，根据歌词把对应的画面内容堆砌到时间线上，同时也要保证每一个音乐段落中的画面内容是统一的。

举个例子，第一段主歌的歌词为"赭石与靛蓝，慢把颜色调。提笔，心事潦草。"此处需要插入"绘花"片段。接下来，歌词为"绘成一幅春风十里桃天，谁在树下拈花笑。"画面从女主在扇面上绘出的花朵图案自然衔接到外景女主立于花树下赏花的片段。

其他段落按照此方法填充视频素材即可。但需要注意的是，无须死板苛求画面内容与歌词内容完全对应，我们做不到把歌词内容照本宣科式地拍摄下来，否则我们的作品会像PPT一样，完全丧失了创作的意义。尤其对于古风视频创作来说，很多音乐没有歌词，这样的音乐更容易给我们留下想象空间，让我们可以拍摄自己所理解的画面。

以第一段主歌的"绘花"片段为例，我们在媒体池中找到对应的视频素材。单击素材，可以在素材监视器中浏览素材内容，滑动素材监视器中的进度条，选中我们想要保留的片段，按下I键和O键，将这段素材选中，用鼠标将选中的素材拖到时间线上，就完成了一个镜头的添加，如图6-18所示。

接着我们用同样的方法将"绘花"片段的镜头都挑选到时间线上，单击素材并按住鼠标左键，可以自由移动素材的位置，如图6-19所示。将鼠标指针放置到素材的前后边缘处，可以自由拖动，对素材的时长进行调整，如图6-19所示。接着，我们将挑选好的素材按照一定的顺序

图6-18 镜头添加

拼接在一起，就完成了一组镜头的剪辑工作，如图6-20所示。

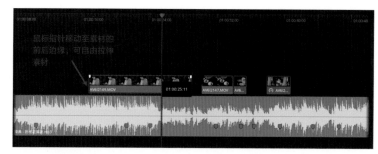

图6-19 调整素材长度

这里有一个工具可以使用，当我们在工具栏中选择"剃刀"工具时，将鼠标指针移动到素材对应位置上单击，可以完成对素材的切割，如图6-21所示。对于不想要的素材，选中后按Del键就可以删除。单击两段素材中间的空白处，可以删除空隙，会使后面的素材向前合并。

图6-20 移动素材位置

将其他几组镜头按照同样的方式添加到时间线上，并根据歌词内容的逻辑顺序组接到一起，我们就完成了对视频素材的粗剪工作。此时，我们可以从头到尾播放一遍视频，主要检查画面与音乐是否匹配，镜头的组接是否流畅，叙事的逻辑是否清晰。

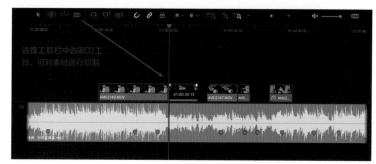

图6-21 "剃刀"工具

视频精剪

在开始视频调色前，我们还需要对视频素材进行一轮精剪工作。

古风剧情片需要在精剪工作中完成添加音效、配音、转场，修正视频缺陷等工作，而古风音乐视频需要在精剪工作中完成除了添加配音、音效以外的其他工作。

1. 调整视频大小

我们利用检查器可以对视频的位置、大小、旋转等进行调整。检查器中的"动态缩放"是古风视频后期制作中一个非常好用的功能，可以简单理解为对视频画面进行智能的缩放，如图6-22所示。比如，在扇面上绘制牡丹花这一素材中，原视频画面没有任何运动，这一素材与前后其他几个动态画面组接在一起显得不够流畅，因此我们可以使用"动态缩放"功能为这一素材增加运动感。调整后的画面实现了从特写画面渐渐拉开的效果，有种从近到远的感觉。单击"交换"按钮，可实现反方向运动，产生从远到近的运动效果。

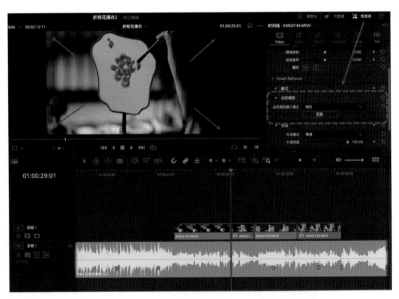

图6-22 动态缩放

2. 处理视频抖动

在女主角提笔抬头这一素材中，视频画面有一些抖动，因此我们需要对此素材进行防抖处理。展开检查器中的"稳定"选项卡，单击"稳定"按钮，软件会对素材进行分析并进行防抖处理，如图6-23所示。如果防抖效果不明显，还可以在下方选择不同的模式，这样大部分的抖动画面都可以变得稳定。

图6-23 防抖处理

3. 添加转场效果

另外,我们需要在部分镜头之间添加转场效果,让镜头和镜头之间的衔接更加流畅。页面左下角的特效库中有"视频转场"和"音频转场",可分别用于视频和音频的衔接。在古风视频中,我们会使用到的转场效果并不多,最常用的是"叠化",即前后两个画面交叠在一起形成过渡的效果。将"交叉叠化"效果直接拖到两个视频素材的中间,就能够添加转场效果,如图6-24所示。

另外,在一段视频的开头和结尾,我们通常会使用黑屏到画面以及画面逐渐变暗的效果。同样,我们可以将"交叉叠化"效果拖到视频的开头或者结尾,就能够实现从黑屏到画面或画面逐渐变暗的效果,如图6-25所示。另外,这种效果也可以直接利用视频素材制作,将鼠标指针放置到视频开头或者结尾处,视频素材的一角会出现一个白色小标记,直接向后或者向前拖动小标记即可,如图6-26所示。这个小标记相当于在视频画面上打了一个关键帧,做了一个画面从暗到亮或从亮到暗的动画效果。

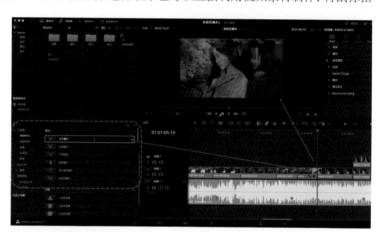

图6-24 交叉叠化效果

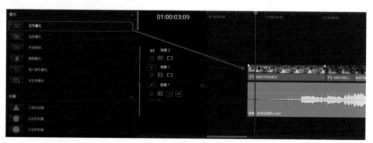

图6-25 渐隐效果1

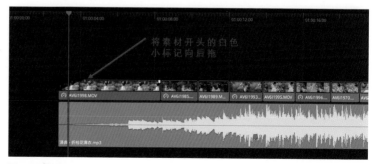

图6-26 渐隐效果2

4. 调整视频播放速度

古风音乐视频的节奏大多较为舒缓,这样的效果离不开慢动作镜头的运用。在前期拍摄时,我们需要在相机中设置高帧率格式,这样拍出的素材在时间线上进行变速处理后,才能够实现真正的慢动作效果。在时间线上的视频素材上单击鼠标右键,在快捷菜单中选择"变速控制"命令,如图6-27所示。显示素材的原始播放速度为100%,如果想要视频播放速度加快,我们可以选择比100%高的速度,如果想要视频播放速度变慢,我们可以选择比100%低的速度。

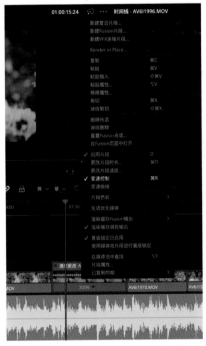

图6-27 在快捷菜单中选择"变速控制"命令

调整完播放速度后,素材的长度会发生变化。《折枝花满衣》的所有素材采用了100帧的帧率拍摄,因为佳能相机的设置,素材导入软件后以原始速度1/4播放(以25帧视频为参考基准)。这样的素材在时间线上已经不能再放慢,但是有些素材播放得过于缓慢,我们可以加快播放速度,比如可以将播放速度更改为200%,如图6-28所示。

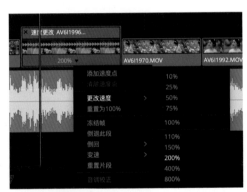

图6-28 变速控制-加快

5. 添加备用素材

当我们对某个镜头的取舍犹豫不决时,我们可以将备选素材放置于V1视频轨道上,经过调色等操作后,再决定使用哪一个素材。需要注意的是,时间线的播放逻辑是从下到上,既默认播放上一层轨道的素材。当时间线上的轨道不够用时,在轨道标记栏单击鼠标右键,在快捷

图6-29 在快捷菜单中选择"添加自定义轨道"命令

菜单中选择"添加自定义轨道"命令，如
图6-29所示，在弹出的"添加自定义轨
道"对话框中，设置所需的视频轨道或
者音频轨道的数量，如图6-30所示，随
后单击"添加自定义轨道"按钮即可。

图6-30 设置添加轨道的数量和位置

镜头组接法则

　　在开始调色工作前，我们还需要对镜头的排列顺序、时间长短进行精细的调整。在视频粗
剪流程中，我们将不同的场景插入不同的音乐片段中，同时在有歌词的音乐视频剪辑中，尽量
实现声画统一，也就是视频画面需要尽量与歌词内容契合。每一个场景又由若干镜头组成，单
个场景中的镜头组接同样需要遵循一定的规律和方法。

　　这里我们需要了解剪辑中最基本的一个概念：蒙太奇。蒙太奇可以简单理解为，当不同镜
头拼接在一起时，会产生各个镜头单独存在时所不具备的特定含义。蒙太奇的种类有很多，比
如平行蒙太奇、交叉蒙太奇、颠倒蒙太奇、抒情蒙太奇、隐喻蒙太奇等。在影视剧中，我们经常
会看到先交代事情发生的结果，再从头开始讲原因的片段，这样的剪辑方式就是颠倒蒙太奇，
也称为"倒叙"。

　　《折枝花满衣》主要呈现了女主"赏花""采花""绘花""藏花"这4个场景。其中，"赏
花""采花"为外景拍摄，"绘花""藏花"为内景拍摄。这4个场景在组接时采用了交叉蒙太
奇的剪辑方式，打乱了内景和外景画面的顺序。观看视频，可以发现整体按照"采花"—"绘
花（扇面画花）"—"赏花"—"绘花（搁笔品茶）"—"采花（落雨）"—"藏花（藏于香囊）"—

"赏花（避雨闻
花）"的顺序进行，
如图6-31所示。

图6-31 时间线上的7个段落（每两个蓝色标记点之间为一个段落）

1. 景别组接法

在每个片段中,我们使用景别组接法进行镜头剪辑。其实,无论是大到一个场景、一段剧情,还是小到一个人物的动作、一段对话,我们都可以采用景别组接法来剪辑。因为不同景别的镜头组接在一起,能够让观众看到事物的全貌,符合人的视觉习惯。初学者可以使用差别较大的3个景别来表现一个场景,比如全景+中景+特写,或者全景+近景+特写。当然,景别的组接顺序可以打乱,比如可以按照特写+近景+全景来排列镜头。

比如,在"绘花"这个片段中,我们使用"颜料特写"—"扇面绘画特写"—"女主绘画近景"—"女主绘画全景"这4个镜头来呈现,如图6-32所示,这4个镜头按照景别从小到大的顺序排列。

在"采花(落雨)"的这个片段中,我们使用"雨水打在水面上的特写"—"女主发现下雨中景"—"女主在雨中奔跑全景"—"雨水打湿花瓣特写"—"女主抬头擦雨水近景"这5个镜头来交代场景,如图6-33所示。前3个镜头同样是按照景别从小到大的组接方式。相比于先呈现全景再交代细节的剪辑方式,笔者更偏爱特写开场再还原全貌的方式,使用小景别镜头开场,容易让观众产生好奇和期待,更容易抓住观众的注意力。

在使用景别组接法时,我们可以插入一些空镜(不带人物主体的镜头),这些空镜不仅能够调节视频节奏,还能够营造氛围,为观众留下更多的想象空间。比如,在"赏花"这一片段中,我们的镜头组接顺序是"女主抬头特写"—"女主在花树下赏花中景"—"天空中乌云弥漫"—"女主低头",如图6-34所示。其中"天空中乌云弥漫"就是一个空镜,不仅衔接上前两个画面中女主抬眸的视线,也通过画面交代了天气的转变,为后面女主采花时下雨的情节做了铺垫。

图6-32 "绘花"的镜头组接顺序(按从左到右,从上往下顺序阅读)

图6-34 "赏花"的镜头组接顺序(按从左到右,从上往下顺序阅读)

图6-33 "采花(落雨)"的镜头组接顺序(按从左到右,从上往下顺序阅读)

2. 动作剪辑法

在古风剧情片中,我们通常会设计多人出镜、人物对话等拍摄内容。此时,我们除了可以使用景别组接法外,还可以使用动作剪辑法。

动作剪辑法即按照人物行动的步骤来剪辑镜头、通常用于武打、舞蹈等场面的剪辑中。在前期拍摄时,我们让演员重复做一组动作,然后以不同的景别拍摄这组动作。在剪辑时,我们将不同景别的画面按照动作顺序剪辑在一起。需要注意的是,使用动作剪辑法时,剪辑点一定要放置于动作过程中,而不是动作完成后,这样的动作剪辑法也叫作**无痕剪辑法**。比如,我们在剪辑侠客拔剑挥剑的一组动作时,第一个画面可以用侧面拍"拔剑",在剑还没有完全拔出时接正面近景"拔剑眼神",接着用中景拍侠客"向后挥剑",在剑还未完全竖起再快速接上全景的"挥剑而立",如图6-35所示。这样,我们把两个剪辑点藏在了**拔剑**和**挥剑**两个快速的动作中,观众看不到剪辑点,镜头组接会非常流畅。

近景:拔剑动作前半部分

近景:拔剑动作后半部分

中景:挥剑动作前半部分

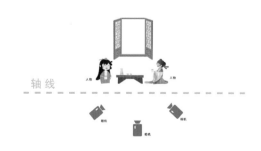

远景:挥剑动作后半部分

图6-35 无痕剪辑法

3. 轴线原则

另外,在剪辑多人画面时,我们需要遵循轴线原则。轴线指的是平行于相机和被摄主体之间的一条180度的直线,如图6-36所示。无论是拍摄还是剪辑,我们都需要保证观众看向人物的视角在轴线的一侧,否则就会形成"越轴",观众会对画面中的空间方位感到混乱。比如,《十二花神之昭君》的开场中有一段王昭君和宫中姐妹对话的场景,两人坐在

图6-36

靠窗的桌前喝茶。无论是两人的全景画面还是单人和茶壶的特写画面，都要保证观众是从远离窗户的一侧看向两人的，而不能从窗外看向人物，如图6-37所示。

图6-37 无论哪种景别，相机都要保持在轴线的一侧进行拍摄

4. 在人物对话过程中加入特写镜头

在古风剧情片中，我们会拍摄人物对话场景，常规的人物对话剪辑法是正反打剪辑，简单来说就是谁说话就给到谁的镜头。这样的剪辑法无功无过，但是在一些对话比较简短的镜头的剪辑中，过多的正反打会把画面切得太碎，使观众视线跳跃得太多，让剪辑节奏显得呆板无聊。因此，在剪辑人物对话场景时，我们要尽量少使用正反打剪辑。比如在《十二花神·徐惠》的拍摄中，开场呈现了一段侍女传皇帝旨意，邀请徐惠妃去赏花的情节。首先，侍女作为这个情节中的次要人物，全程没有正面镜头，如图6-38所示。侍女讲话时，画面还是聚焦于女主徐惠妃梳妆的动作。在拍摄女主单人画面时，基本没有正面拍摄，而是拍摄了她在梳妆镜中的样子，如图6-39所示。在两人对话的过程中，插入特写镜头，如图6-40所示。这样的剪辑方式能够让画面聚焦于主角，突出主体，让一段普通的对话镜头显得更加生动有趣。

图6-38 侍女说话时不给正面镜头

图6-39 拍摄镜子中的徐惠妃

图6-40 在对话过程中插入特写镜头

6.3 声音的后期处理

电影是声画合一的艺术。在诞生的早期,由于技术限制,电影只有画面,没有声音,这种类型的电影被称作"默片"。后来,随着技术的发展,声音元素被添加到电影中,电影才真正成为继文学、戏剧、绘画、音乐、舞蹈、雕塑之后的第七大艺术。

在短视频时代,影像技术得到极大发展,普通人拍摄"电影"成为可能。优秀的短视频作品能够脱颖而出,关键的是对作品中声音的兼顾和处理。古风短视频是一种追求意境和氛围的短视频类型,很多在现代生活中不常听到的声音,如马蹄、刀剑、钟鼓等的声音能够让观众有身临其境的感觉。古风短视频中的声音可以在拍摄画面时同步录制,也可以在后期剪辑时单独添加。古风短视频中的声音主要包含**音乐、音效和人声(对白、旁白、独白)**这3种类型。

古风视频中的音乐

古风视频中的音乐指的是视频画面的背景音乐。在古风音乐视频中,音乐非常重要。

最早的古风音乐视频可以追溯到中国风、古风的流行音乐在国内的兴起,那时候的歌手依旧流行通过拍摄音乐视频来推广自己的音乐。无论是中国风、古风音乐,还是古风音乐视频,都可以说是我国特有的一种音乐和视频形态,因为其内容都基于中式传统文化。

古风音乐视频的创作通常是音乐先行,即先有音乐,然后创作者再根据音乐的主题、故事、节奏乃至歌词等策划需要拍摄的画面。古风剧情片的创作则是先有故事,再根据剧情和画面去寻找与之契合的音乐。就像是电影和电视剧通常有主题曲、片头片尾曲、配乐,古风剧情片中通常也会使用音乐来渲染氛围,帮助叙事。

随着短视频平台的快速发展,古风视频的时长越来越短,节奏越来越快,观众也很少有耐心看完一个3~5分钟的视频。所以,如今不论是古风音乐视频还是古风剧情片,都呈现出片段化和碎片化的特点。

1. 音乐素材的获取渠道

古风视频中的音乐主要有以下几个获取渠道。

● 网易云音乐、QQ音乐、酷狗音乐等音乐平台。这类平台上的音乐资源非常广泛，基本涵盖了所有类型的音乐。随着大数据技术的发展，平台对于音乐类型的划分和推送都更加人性化，比如只要我们在任何音乐平台的搜索栏中输入"古风"二字，都能够搜索出大量的古风类歌单，非常方便快捷。需要注意的是，这类音乐平台上的音乐大多都是有版权的，不能用于商业目的（比如拍摄宣传片、广告等）。另外，如果我们想要下载音乐，也通常需要成为会员。

● 如果要制作商业古风短视频，就需要购买音乐版权。通常情况下，一些影视类、设计类的素材网站，都会提供音乐版权的购买服务。比如，在"新片场素材"中以"古风"为关键词进行搜索，就会出现大量可供商用的版权音乐素材，如图6-41所示。需要注意的是，这些音乐素材针对的使用平台、用途不同，价格也不一样，在购买前需要仔细阅读授权协议，以防用错，产生不必要的版权纠纷。另外，像摄图网、千库网、包图网这类设计师常用的网站，也提供版权音频素材的购买和下载服务。

● 如果视频是用于抖音、快手等短视频平台，这类平台大多自带各类背景音乐，都是平台已经购买了版权的，所以我们可以放心使用，如图6-42所示。尤其在抖音旗下的剪辑软件剪映就自带曲库，可以用于古风短视频创作。单击剪映中的音乐按钮，搜索"古风"关键词或者歌曲名，就能够为短视频添加喜欢的音乐，非常方便快捷。

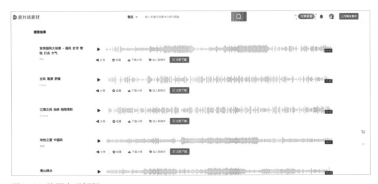

图6-41 购买音乐版权

图6-42 短视频平台上的音乐

● 另外，我们可以在平时养成积累音乐素材的习惯。我们可以直接在音乐软件中建立收藏夹，把自己喜欢的音乐收藏进去；也可以把音乐下载保存下来，然后分门别类地整理。这样后面在进行视频剪辑时，就可以到自己的素材库中有针对性地进行寻找。另外，有一个建立音乐素材库的小技巧，我们可以直接收藏或者保存影视剧OST歌单，OST指的是影视剧原声带，包含主题曲、片头片尾曲、插曲在内的所有音乐。因为这类歌单里的音乐都是一部电影或者电视剧里的，它们的风格比较接近，所以当我们在一条视频中需要使用不同音乐又希望音乐风格保持统一时，歌单里的音乐能够最大限度地满足我们的需求，如图6-43所示。

2. 音乐的导入和剪辑

将mp3或者wav格式的音乐导入达芬奇的"媒体夹"中，然后直接将音乐从"媒体夹"导入时间线，会自动生成波形图。视频粗剪小节介绍了将整首音乐剪短的方法。然后，我们对音乐的前奏、主歌、副歌、间奏和尾奏等不同段落进行标记划分，方便填充对应的视频画面。对于一些时长较短、节奏较快的短视频，我们需要对音乐节奏进行进一步细分，在每个鼓点上做上标记，这就是所谓的"踩点剪辑"。

以古风视频《木兰》为例，我们用蓝色的标记点对整体的音乐段落进行划分后，接着来到时间线上音乐结尾的部分，这里也是整个短视频的高潮部分，我们将花木兰踏上征程的画面作为此段的结尾。音乐在此处有3个激昂的鼓点。首先在时间线上方的工具栏中单击"放大"按钮，对时间线进行放大，这样更容易看到音乐的波形，如图6-44所示。

接着将另外一个颜色的标记点打在这几个鼓点上，然后将花木兰行走在山谷里的3个不同景别的航拍镜头插入这几个鼓点中间。这样就完成了一组镜头的踩点剪辑，如图6-45所示。需要注意的是，踩点剪辑的标记点一般打在鼓点的重音处，也就是波形的波峰上；另外，每两个鼓点之间只能插入一个镜头，只有这样，音乐和画面的节奏才能完全卡上，视频观看起来才流畅丝滑。

图6-43 积累音乐素材库：古装影视剧OST

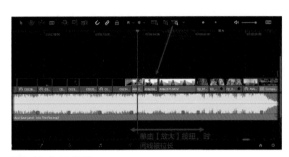

图6-44 放大时间线

图6-45 踩点剪辑

用音效来丰富视听效果

古风视频中的音效能够起到交代场景、渲染氛围、强调动作及推进叙事等多方面的作用，是非常重要的声音元素。尤其是在古风剧情片中，音效是必不可少的一部分。音效按照类型主要分为以下4种。

● **环境音**：风声、雨声等交代天气、场所等信息的声音。

● **动作音**：人物行动过程中发出的声音，比如走路、坐躺、打斗、衣服摩擦等发出的声音。

● **氛围音**：并不一定是画面场景中本身的声音，常用来渲染和烘托气氛，比如恐怖电影中常见的恐怖音效。

● **特效音**：有强烈的节奏，常用于强调动作，用于画面的转场等处。

同样以古风短视频《木兰》为例，在添加完背景音乐后，视频的粗剪工作也大致完成。此时，为了进一步烘托氛围，突出剧情效果，我们需要在适当的地方添加音效。

视频开场后的一分钟左右，有这样一个情节：少女花木兰在闺房缝制嫁衣时，听到院中有媒婆来提亲；此时的花木兰对未来的婚姻生活充满期待，于是她溜到院中偷听父母与媒婆的商谈，接着回到房中梳妆打扮，不料却听到了来征兵的军官破门而入的声音……

我们在时间线上新建音频轨道A2，用于添加环境音，如图6-46所示。首先，在花木兰于闺房缝制嫁衣的部分，添加窗外的鸟鸣，暗示天气和花木兰生活的环境；接着，在媒

图6-46 添加环境音

婆来提亲的部分添加上嘈杂的人声，暗示提亲队伍的热闹；然后，在花木兰回到房中梳妆打扮的部分添加马的嘶鸣声，暗示征兵队伍的到来……

在时间线上新建音频轨道A3，添加动作音，如图6-47所示。在媒婆来提亲的画面中添加走路的声音，进一步营造人多热闹的氛围；在军官破门而入的特写画面中，添加门被踹开的音效，暗示气氛的紧张；接着添加一段整齐有力的走路声，暗示征兵队伍的到来；花木兰奔向院中搀扶老爹，头上的发簪掉落在地，发出清脆的声音……

此段视频以花木兰踏上征程，拔剑后坚定的眼神特写为最后一个画面，然后接本片的主题：红妆裁贯甲，万里赴戎机。因此在视频的结尾处出字幕的地方，添加一个大气磅礴的撞击特效音，如图6-48所示，进一步凸显花木兰替父从军的决心，同时也给观众留有回味余地。

图6-47 添加动作音

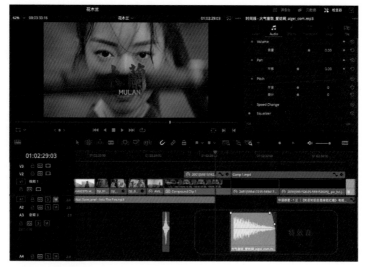

图6-48 添加特效音

古风视频中的音效素材来源主要有以下几个。

● 音效素材网站,比如爱给网、站长素材,如图6-49所示。这些素材网站中的音效相对比较齐全,各种类型都有。需要注意的是,这些网站上的素材有些是免费的,但是大部分都需要收费或者成为VIP才能下载。

● 在淘宝等购物网站上有整理好的音效素材包可供购买。

● 自己录制音效素材,整理积累自己的音效素材库。比如,在花木兰头上发梳掉落的这个片段中,如果在网络上找不到非常合适的音效,我们就可以找一个安静的环境,模拟发簪掉落的过程并记录下声音,如图6-50所示,这个过程叫作"拟音"。

图6-49 音效素材网站

图6-50 拟音

达芬奇的"Fairlight"页面有一个音响素材库,如图6-51所示。单击"添加素材库"选项,如图6-52所示,就可以把音效文件夹整个导入达芬奇中,如图6-53所示。在后期剪辑不同的视频项目时,只要在搜索栏中搜索音效名称的关键词,就可以直接在达芬奇中调用音效素材,无须再到文件夹中挑选,如图6-54所示,这样能够节省时间。

图6-51 "Fairlight"页面的音响素材库

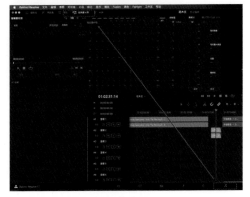

图6-52 单击"添加素材库"选项

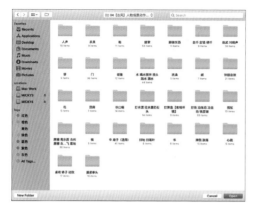

图6-53 音效素材文件夹

图6-54 搜索音效名称的关键词

人声处理：对白、独白与旁白

当音乐、音效添加完成后，我们需要开始处理视频中的人声。古风视频中的人声主要有以下几个类型。

● **对白:** 视频中角色之间的对话。

● **独白:** 视频中角色自言自语，自我表达。

● **旁白:** 从第三人称视角对视频内容进行的解说。

其中，对白和独白可以拍摄视频时录制同期声，在剪辑时直接使用演员的现场音，而旁白必须在后期进行单独录制，然后将音频素材添加到达芬奇中进行剪辑调整。然而在实际拍摄中，因为收音设备的不足、演员台词功力欠缺、现场环境音嘈杂等，我们很少在后期直接使用同期声，无论是对白、独白还是旁白，都建议后期重新配音，以保证更好的声音质量。

配音的方式主要有以下几种：出镜的演员为自己的角色重新配音，找专业的配音演员和配音团队进行配音，直接利用网上现有的台词素材。最后一种操作一般在抖音等短视频平台上比较多见，也就是常说的"对口型"，演员根据现有的台词进行演绎。一般专业的配音演员和配音团队都会有专业的录音设备，我们只需要将视频小样发给配音演员，并在台词文字稿中标注出需要的情绪、氛围等信息给到配音演员，配音演员就可以完成配音。有经验的配音演员甚至可以切换不同的音色，同时为不同的角色配音。

同样以古风短视频《木兰》为例，本片邀请了专业的配音团队为片中的花木兰、花木兰父亲、花木兰母亲、媒婆、军官5个角色进行了配音。在配音前，我们需要把人物的性别、年龄、身份、性格等基本信息告知配音演员，比如花木兰在此片的设定是待字闺中的少女，既有天真无邪的一面，也有替父从军、视死如归的坚毅。描述越清晰，配音演员对角色的把握越好。

下面我们将录制好的音频文件导入达芬奇媒体库。新建一层音频轨道，此处需要注意，当短视频中有多个角色时，建议把每个角色的配音单独放置于一个音轨，如图6-55所示。因为有时候多个角色会同时说话，这样剪辑时也不容易混乱，便于管理素材。

《木兰》中的配音不是同期声配音，所以我们在剪辑音频素材时不需要对口型，只需要将音频放置于演员"说话"的大概位置即可。

当然，有些配音需要对口型。以短视频《秦淮八艳·董小宛》为例，我们首先在达芬奇"剪辑"页面的工具栏中单击"链接"按钮，进行音视频分离，如图6-56所示。这样时间线上视频素材的画面和音频就被分离开了，接着删除视频下的音频片段，如图6-57所示。然后再把配音的音频文件拖入时间线并调整位置，确保与演员说话的口型对上，这样就完成了同期声配音工作，如图6-58所示。

图6-55 将不同角色的配音放置于不同轨道中

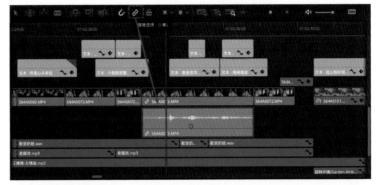

图6-56 音视频分离

图6-57 删除原声

图6-58 添加配音

这里有个对口型的小技巧：在删除视频原声前，我们可以像踩点剪辑一样在演员说话的关键词处打上标记点，然后在配音的同样位置打上标记点，再让上下轨道中的标记点对齐，这样原声和配音就能够自然对上了，如图6-59所示。

专业的配音演员会对录制好的声音进行降噪处理，但是有些演员自己配的声音由于设备和录制环境的原因，噪声非常大，这就需要我们在达芬奇中对录制好的声音进行降噪处理。达芬奇的声音降噪功能非常简单易用。

在达芬奇"剪辑"页面中的特效库中单击"音频特效"，在"Fairlight FX"特效库中找到"Noise Reduction"选项，将其直接拖到时间线的音频文件上，就会自动弹出降噪选项对话框，我们只需要将对话框中的"手动"改为"自动语音"，如图6-60所示，这样达芬奇就可以自动识别此段声音中的噪声并完成降噪处理。降噪处理在"Fairlight"页面的特效库中也可以完成，操作流程是一样的。

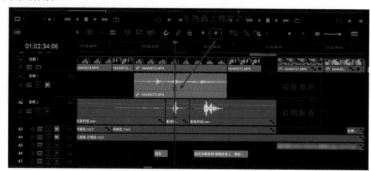

图6-59 对口型

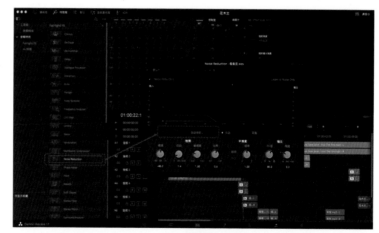

图6-60 在降噪选项对话框中选择"自动语音"

另外，有些时候配音演员给我们的音频素材是单声道文件，当我们戴着耳机听时，只有一侧耳机会发出声音。此时，我们需要把单声道文件更改为立体声文件，操作方法非常简单。我们在时间

图6-61 选择"片段属性"命令

线上的音频素材上单击鼠标右键，在弹出的菜单中选择"片段属性"命令，如图6-61所示，在弹出的页面中单击"音频"。在"格式"一栏中，将"Mono"改为"Stereo"，选择"内嵌声道2"，如图6-62所示，最后单击"OK"按钮即可。

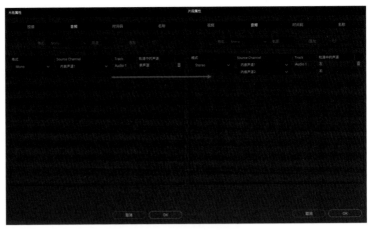

图6-62 将"Mono"改为"Stereo"，并选择"内嵌声道2"

把所有的配音添加完成后，古风短视频的音频处理工作基本告一段落。但此时，我们还需要对音频进行进一步的精修，主要工作内容包括音量大小调整、混响调整以及轨道管理。

从添加背景音乐开始，我们建议大家将不同类型的音频文件放置于不同的轨道。在音效里，不同类型的音效需要分不同的轨道，而人声里不同角色的声音也要分不同的轨道。这样看似麻烦，但是在后期调整时，却能使我们快速找到想要调整的音频文件，能够提高我们的剪辑效率。这里还有一个轨道管理的小技巧，我们可以将不同轨道的音频文件设置成不同的颜色。只要选中一个轨道的文件，然后单击右键，在弹出的快捷菜单单击选择"片段色彩"命令，如图6-63所示，然后选择一个颜色即可，如图6-64所示。这样，就算后期轨道再多，也非常容易查找。

调整音量的方法也非常简单。在时间线上把音频轨的高度拉高，在波形图上有一道白色横线，上下拖动白色横线就可以自由调整音量的大小，如图6-65所示。但是需要注意，音量的波峰尽量不要触碰到顶端，否则声音就会"过曝"，影响音质。在古风剧情片中，一般人声的音量是最大的，其次是音效，最后是背景音

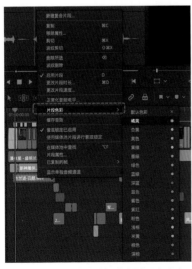

图6-63 在快捷菜单中选择"片段色彩"命令

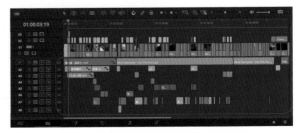

图6-64 轨道管理：将不同轨道的音频文件设置成不同的颜色

乐。但是，在不同的场景中，声音的音量大小、远近和方向都可能发生变化，这就需要我们根据画面的实际情况去进一步调整。

比如，在《木兰》开场的段落中，媒婆说"木兰是一个好姑娘，定能嫁一个好人家"，镜头展现的是花木兰在闺房中梳妆的画面，暗示这段话是花木兰在闺房中听到，同时此段也伴有室外敲锣打鼓的环境音。所以，首先我们要将此段台词和音效的音量降低，然后为音频添加混响效果。单击特效库中的"音频特效"，将其中的"Reverb"拖到音频文件上，在弹出的对话框中

可以对声音的来源、回响等效果进行设置，如图6-66所示。选择一个默认设置，尽量让媒婆的声音感觉是从室外传来的。如果想要更加精准的效果，需要操控各种指针进行详细的参数调整。

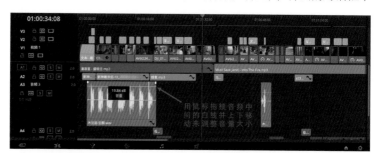

图6-65 调整音量

另外，我们还可以在音频的开头和结尾为其添加渐隐效果。可以在特效库的"音频转场"中选择"交叉渐变0分贝"，将其拖到音频的开头和结尾处，如图6-67所示。也可以将鼠标指针移动到音频素材上，将素材上的白点向前或向后拖，实现从无到有或从有到无的渐隐效果。

图6-66 添加混响效果

图6-67 音频渐隐的两种方法

6.4 古风视频的调色

在进行完视频剪辑、声音处理等工作后，接下来我们将进入古风视频后期制作中最为重要的一个环节：调色。在掌握了后期调色技术后，我们甚至可以化腐朽为神奇，创作出令人惊艳的古风视频。

古风视频的色彩风格通常"自成一派"，尽管不同创作者的作品色彩各有特点，但是在古风这一范畴中，色彩仍然具有一定的共性，比如饱和度不会非常高，搭配较为传统，更加注重肤色的美化，等等。

古风视频的一级校色

接下来我们打开达芬奇，正式进入古风视频的调色流程。古风视频的调色流程主要分为一级校色与二级调色两个部分。

1. 什么是一级校色

单击软件页面下方的"调色"图标█进入"调色"页面，如图6-68所示。本章的第一节"调色"页面进行了基本的介绍，接下来我们使用"调色"页面中的各项工具对画面进行基本的色彩校正。

一级校色也叫作**色彩校正**。由于相机、镜头、拍摄现场的光线等因素的影响，我们拍摄出来的每一个画面的明暗、冷暖、色调等都可能是不一样的，一级校色的目标就是将时间线上的所有镜头都校正到"正确"的状态，这样的状态主要包括**合适的曝光、恰当的饱和度、正常的白平衡**。

一级校色使用的工具主要有色轮、曲线和示波器。在节点面板，我们可以使用"三节点法"来完成画面的一级校色。

图6-68 进入"调色"页面

2. 曝光调整

首先在节点面板的第一个节点上进行画面的曝光调整。在页面右下角的示波器中,我们单击第一个分量图,可以看到有红、绿、蓝3个波形图,如图6-69所示。我们知道,所有数字图像都是由这3种颜色组成的,而示波器用直观的方法呈现出了每个画面中这3个颜色的组成方式。分量图的纵向为0~1023的数值,对应着画面从暗到亮的一个亮度区间,而横向的每一个颜色从左到右也分别对应着画面从左到右的像素中各种颜色的分布。

在页面左下角的色轮区域,拖动"亮部"的滑轮,如图6-70所示,可以直观地看到画面变亮了,同时分量图中3个颜色的波形顶端也在向上升高,如图6-71所示。

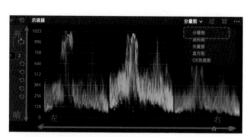

图6-69 示波器窗口(分量图)

图6-70 色轮区域

图6-71 调整亮部(高光)后,示波器和画面的变化

拖动"暗部"的滑轮,画面变暗,分量图中的波形底端向下降。当波形的顶端触及示波器中的最高点时,画面中的亮部变成一片白色,没有任何细节和颜色,这就是所谓的"过曝";同理,当波形的底端触及最低点时,画面的暗部变成一片黑色,产生"欠曝"现象,如图6-72所示。

因此,我们可以得出结论,一个正确曝光的画面的波形必须处于0~1023之间,即亮部最亮不能超过1023,暗部最暗不能低于0,过曝与欠曝的分量图如图6-73所示。

拖动"中灰"的滑轮,可以控制画面中除了亮部和暗部的中间调区域。当我们将分量图中的波形中间调区域(也就是画面的中灰)基本控制在512附近时,画面处于一个不亮也不暗的均衡状态,如图6-74所示。当波形的中间调区域高于512时,画面处于高亮状态,且中灰越高,画面越亮;反之,当波形的调中间区域低于512时,画面处于暗调状态,且中灰越低,画面的亮度越低。我们需要明确是,在0~1023这个范围内,画面的亮部、暗部和中灰的阈值并没有一个统一的标准,我们需要根据画面的实际情况以及我们期望的影调风格对画面的曝光进行调整。

图6-72 压暗暗部

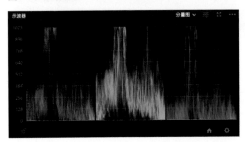

图6-73 过曝与欠曝的分量图

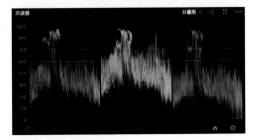

图6-74 曝光均衡的分量图

《折枝花满衣》拍摄于一个阴雨天,所以原始素材整体是偏暗的,在分量图中可以清晰地看到,波形的大部分区域都低于512,如图6-75所示。我们期望将画面调整成明亮通透的效果,所以在第一个节点的曝光调整中,将画面的中灰提到了512靠上的位置。同时,我们将画面的亮度适当调低,以恢复一些高光中的细节,并且将暗部稍微提亮,让画面显得更加柔和,如图6-76所示。

图6-75 调整前的画面与分量图

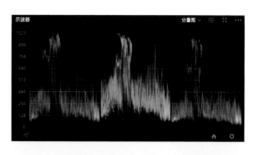

图6-76 调整后的画面与分量图

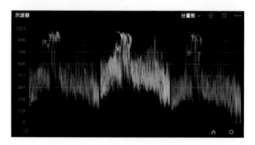

接下来，我们在第一个节点上单击鼠标右键，选择"添加节点"|"添加串行节点"命令，如图6-77所示。在第二个节点中，我们对画面的对比度和饱和度进行调整。

画面的对比度是控制画面亮部和暗部对比程度的一个参数。将画面的对比度调高，画面的暗部变暗，亮部变亮，此时画面呈现出强对比的感觉；将画面的对比度调低，画面的暗部变亮，亮部变暗，此时画面呈现出柔和的感觉，如图6-78所示。

在第一个节点中，我们对画面进行了亮部、暗部和中间调的调整，此时的画面显得非常柔和。因此，在这个节点中我们需要适当加强对比，让画面的明暗关系更加清晰，层次更加分明。调整对比度的方法有很多，最直接的方式是在色轮区域直接拖动"对比

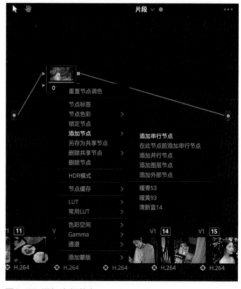

图6-77 添加串行节点

度"滑块，如所图6-79示。但是笔者建议大家使用"曲线"窗口中的RGB曲线工具进行手动调整，如图6-80所示。因为RGB曲线工具不仅能调节画面的对比度，也能调节画面的色调，如果深入学习达芬奇的调色，曲线工具是我们绕不开的一个非常重要且实用的工具。

图6-78 高对比度画面和低对比度画面

图6-79 在色轮区域直接拖动"对比度"滑块

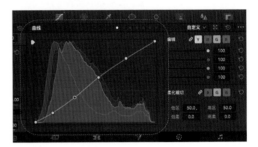

图6-80 用RGB曲线工具手动调整对比度

    曲线窗口上原本显示的是一条从左下角到右上角的直线,曲线窗口的左下角对应着画面的暗部,右上角对应着画面的亮部,初学者在使用曲线工具对画面的对比度进行调整时,可以将曲线拉成一个平缓的正向S形。此时我们可以直观地看到画面的对比度提高,分量图中的波形也被拉得更高,这说明画面中的每个像素的亮度都得到了相对平均的"拉伸"。反之,如果我们想要降低画面的对比度,可以将曲线拉成一个反向的S形,使画面的亮部变暗、暗部变亮,画面显得柔和,如图6-81所示。

正向S形曲线 提高对比度

反向S形曲线 降低对比度

图6-81 曲线调整示例

3.饱和度调整

对比度的提高会带来画面饱和度的提高，如果此时觉得画面的饱和度还不够高，就需要使用饱和度工具来进一步提升，如图6-82所示。画面的饱和度默认是50，向右拖动"饱和度"滑块，画面的饱和度提高；向左拖动，画面饱和度降低，如图6-83所示。因为笔者想要将画面调成清新淡雅的色调，原素材的饱和度已经基本符合要求，所以没有对这段素材进行饱和度调整。

图6-82　色轮区域中的饱和度工具

图6-83　饱和度降低

在进行画面的饱和度调整时，我们可以参考示波器中的矢量图，如图6-84所示。矢量图其实是一个缩略版的色轮，色轮中心的波形分布趋势代表画面中各种颜色的色彩倾向。波形越向外延伸，代表这个颜色的饱和度越高，如图6-85所示。需要注意的是，波形不能超过图中几个方框所在的位置，如果超过，表明这个颜色在画面里的饱和度过高，会显得刺眼。

波形越向内收缩，代表这个颜色的饱和度越低，如图6-86所示。

图6-84　示波器中的矢量图表示画面的饱和度

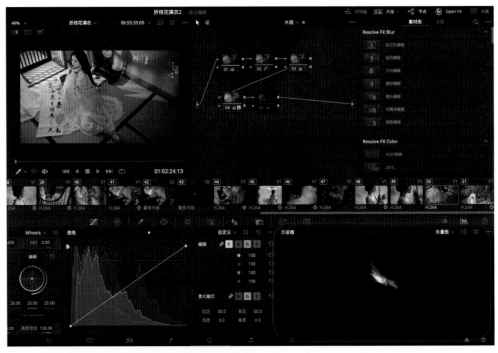

图6-85 饱和度越高，波形越向外延伸（不能超过方框的位置）

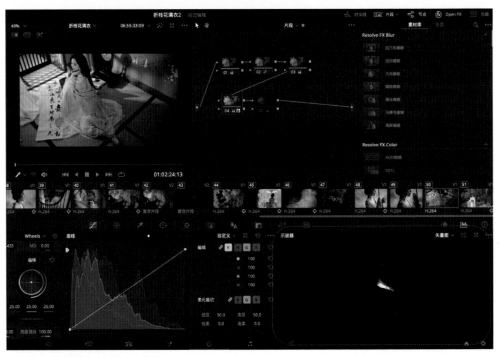

图6-86 饱和度越低，波形越向内收缩

4. 白平衡校正

接下来进入一级校色的最后一个环节：白平衡校正。白平衡的基本概念是"不管在任何光源下，都能将白色物体还原为白色"，也就是说，在白平衡正确的画面中，不管处于任何环境，白色物体都应该显示出不带任何偏色的白色，同理，画面中的黑色物体也应该显示出不带任何偏色的黑色。白平衡校正是非常重要的一个步骤，想要进行精准的二级调色以及正确使用各种调色预设，必须先将画面的白平衡调到一个标准的状态。

图6-87 观察画面和分量图

白平衡校正主要依靠的是分量图和我们的眼睛。初学者可以使用"色温""色调""色轮"工具对画面的白平衡进行调整，而有经验的调色师也可以使用RGB曲线进行白平衡调整。

图6-87所示的画面是在室内拍摄的，在拍摄时采用暖色灯光模拟窗外的阳光，灯光透过窗户打打向室内。在完成曝光和对比度的调节后，我们发现因为灯光和拍摄时相机的白平衡设置，画面整体呈现偏暖，尤其是画面中本应是白色的宣纸部分已经呈现为黄色。

在分量图中我们也可以看到，画面高光部分红色和绿色波形明显高于蓝色波形，根据加色原理，我们知道红色+绿色=黄色，因此画面的高光偏向黄色。所以，我们需要向画面的高光部分增加黄色的互补色来中和黄色，使本应是白色的部分更加接近白色。因此，在亮部色轮中，我们将色轮中间的圆点向蓝色方向移动，如图6-88所示，为画面的高光部分增加蓝色。此时我们看到，高光中的暖色被中和。

图6-88 将色轮中间的圆点向蓝色方向移动

但是此时我们也发现，画面的整体也变得更冷，画面中处于暗部的人物头发、屏风背面都染上了一层蓝色。因此，我们需要为暗部增加暖色，以还原纯净的暗部。所以，在暗部色轮中，我们将色轮中间的圆点向黄色方向移动，如图6-89所示。此时，画面的暗部被暖色中和，变得干净。

观察画面，发现画面整体偏冷，尤其是中间调部分，因此我们需要向画面中整体增加暖色，这时候我们可以调整画面的色温，如图6-90所示。向右拖动"色温"滑块，色温的数值增加，画面整体变暖；反之，色温数值降低，画面随之变冷。

图6-89 将暗部色轮中间的圆点向黄色方向移动

图6-90 调整画面的色温

进一步观察画面的亮部、中间调和暗部细节，尽量让画面的色调处于一个相对标准的状态。我们发现，画面的饱和度较高，为了使画面呈现出更加古朴沉静的风格，我们可以把画面色彩的鲜艳程度降低，如图6-91所示，为后面的二级调色打下基础。到此为止，一个镜头的一级校色才真正完成。

白平衡校正前后的画面对比如图6-92所示。

图6-91 降低画面色彩的鲜艳程度

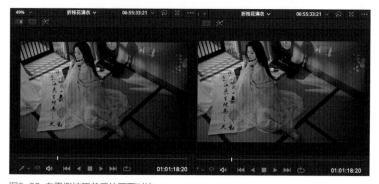

图6-92 白平衡校正前后的画面对比

需要注意的是，画面白平衡的调整绝大部分时候需要我们依靠眼睛和经验判断，分量图只能给我们提供部分参考。白平衡的调整同样没有标准的答案，当然，越趋近于正常色调的白平衡，越便于我们对画面进行二级调色。在白平衡的调整工具中，"色温"工具控制画面的色彩偏黄或者偏蓝，"色调"工具控制画面的色彩偏绿或者偏洋红，如图6-93所示。初学者需要根据具体画面进行反复练习，才能熟能生巧，积累更多调色经验。

为了快速校正画面的白平衡，达芬奇也提供了自动平衡和自动白平衡工具。在工具栏中单击自动平衡按钮，达芬奇会根据画面自动校准色温和色调。单击吸管工具并将其移动到画面中本应该是白色的部分，画面会将此部分校正为标准的白色，以实现自动白平衡校正，如图6-94所示。

图6-93 利用"色温"工具和"色调"工具来调整白平衡

这两个工具虽然方便快速，但是都有点"矫枉过正"的趋势，感兴趣的读者可以自行尝试操作。调色毕竟是一个基于主观审美的操作过程，软件自动调的颜色无论如何都满足不了人们不断变化的审美，所以我们还是需要掌握工具，让技术为我们所用，依靠我们的眼睛调出心仪的颜色。

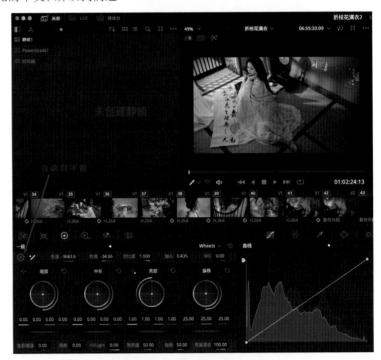

图6-94 使用自动平衡按钮⊙和吸管工具✐实现画面的自动白平衡校正

古风视频的二级调色

如果说一级校色追求的是色彩的标准，那么二级调色追求的就是色彩的风格。大多数时候，我们觉得一些电影画面非常好看，有自己的风格，就会用色调来形容。比如美国电影就很喜欢用互补的青色和橙色调给人带来强烈的视觉冲击，以牢牢锁住观众的眼球。而日本电影则呈现出一种清新、淡雅、唯美的色彩风格，比如经典的日本爱情电影《情书》。

短视频领域发展至今，也诞生了一些非常鲜明的色彩风格，比如小清新、复古、莫兰迪色调、赛博朋克风，还有本书所讨论的古风。截至目前，网络上的古风短视频和创作者的数量虽多，但是并未形成一个相对统一的视觉风格，古风视频大多还是依靠画面中的人物造型、服装和场景来进行区分的。但是，古风视频的色调审美依旧有一个大的框架。作为创作者，我们需要结合古风视频本身的审美特点,在大的色调审美框架内,调制出体现自己风格的色调。

古风视频的二级调色工作中所包含的步骤有**分离色调、重塑光影氛围、画面局部调色**等。接下来结合具体的画面为大家演示二级调色的操作方法。

1. 一级校色

这是古风视频《秦淮八艳·李香君》中女主抱着琵琶出场的一个镜头。我们可以简单分析一下画面的高光、阴影和中间调分布。此镜头采取逆光拍摄,女主处于背光环境中,面部利用反光板进行补光。因此,画面中女主的斗篷、栏杆边缘以及背景里的走廊花窗被光线照亮,属于高光部分;女主的头发、栏杆和琵琶的背面处于阴影里,属于阴影部分;女主的面部和身体由于反光板补光提升了亮度,因此属于中间调部分,如图6-95所示。

图6-95 分析画面中的高光、阴影和中间调

首先,我们对此镜头进行一级校色,提高画面亮度曝光和对比度,适当增加饱和度。同时我们发现,原画面整体偏暖,因此分别往高光和阴影中适当添加冷调(将亮部和暗部色轮中间的圆点拖向蓝色部分),让画面的白平衡恢复正常,如图6-96所示,为二级调色打好基础。

图6-96 一级校色顺序:提升曝光、提升对比度、纠正色偏

一级校色前后效果对比如图6-97所示。

图6-97 一级校色前后效果对比

2.分离色调

　　接下来开始风格化调色。此段镜头拍摄于黄金时刻，画面中的人物和环境都被笼罩上一层暖色，人物的皮肤、服装及手里的琵琶都呈暖色，人物和环境有种"融"在一起的感觉，如图6-98所示。因此，我们此时需要在画面里添加冷色，将人物和环境区分开来。

　　因为人物属画面的中间调偏暗部，因此我们往画面的高光部分添加冷色（将亮部色轮中间的圆点向蓝色方向移动，注意适量，否则其他部分也会偏蓝），如图6-99所示。

图6-98　高光与阴影都为暖色，人物和环境有"融"在一起的感觉

图6-99　将亮部色轮中间的圆点向蓝色方向移动

　　此时，画面中的高光部分被染上了一层蓝色，如图6-100所示。这一步操作也叫作**分离色调**，即对画面的高光和阴影分别重新进行染色，是风格化调色中非常重要的一步。

　　刚接触调色的创作者只需要记住，让画面的高光和阴影部分分别染上互补色，画面的层次会更加分明。比如电影中最常使用的青橙色调，就是将高光部分处理成暖色，阴影部分处理成冷色，从而形成对比鲜明、层次丰富的画面效果。同时需要注意的是，高光和阴影部分的冷暖处理并不是绝对的，比如在此镜头中，考虑到原始素材和拍摄的实

图6-100　分离色调：将高光和阴影分别染上不同的色调（互补色）

际情况，所以将阴影部分处理成暖色，而将高光部分处理成冷色。如果硬把高光部分处理成暖色，阴影部分处理成冷色，则画面不符合显示逻辑，会给观众非常"出戏"的视觉感受。

　　分离色调后，我们可以对高光细节进行进一步调整。因为提升了高光中的蓝色，所以本该是白色的斗篷发蓝，我们需要降低白色物体中的蓝色，让白色更加纯净。此时，我们需要使用曲线工具。在曲线下拉列表中，选择"亮度"对"饱和度"曲线，，如图6-101所示，这个曲线可以理解为根据亮度来调整对应的饱和度。我们用吸管工具单击画面中的高光部分，此时曲线上出

现一个点，对应这个高光部分的饱和度，我们将这个点向下拖动。可以看到，这个高光部分的饱和度被降低，女主斗篷上的蓝色减少。此时，画面的高光部分在保持冷色调的同时，白色部分也显得更加纯净，前后对比效果如图6-102所示。

图6-101 利用"亮度 对 饱和度"来净化高光部分

图6-102 高光部分调整前后对比

3. 重塑光影氛围

接下来，我们需要对此画面进行**光影氛围重塑**，让画面的主体更加突出，光影结构得到优化。观察画面，拍摄时人物背光，导致人物不突出，所以我们需要提高暗部和中间调的亮度，让人物更加突出。

新建一个串行节点，在新的节点中，我们需要绘制一个窗口，以限制调整的区域。单击"窗口"工具中的"圆形"工具 ◯，并拖到画面中的人物身上，如图6-103所示。此时，当我们调整任何参数时，对画面产生的作用都局限在圆形范围内。接着调整圆形窗口的大小和边缘，尽量让其边缘过渡柔和自然，然后单击窗口右侧的"反选"按钮，此时，窗口作用范围变成了画面中圆形以外的部分。

图6-103 绘制圆形窗口并进行反选

此时，我们把曲线中间拉低，可以看到圆形窗口的外部变暗，人物被进一步突出，如图6-104所示。

此时我们还需要进行最关键的一步。因为此片段中人物在画面中是移动的，所以我们必须保证圆形窗口始终处于人物上。因此，我们需要使用达芬奇的跟踪功能，让圆形窗口对人物进行跟踪，以保证此光影效果的连贯性。

单击"跟踪器"按钮，在跟踪器操作页面中，单击向前"正向跟踪"按钮，达芬奇会根据初始位置的窗口进行智能跟踪，如图6-105所示。跟踪完毕后，我们还可以单击"反向跟踪"按钮，对跟踪轨迹和范围进行检查，多跟踪几次，保证圆形窗口一直处于我们想要跟踪的位置。

图6-104 利用曲线工具压暗四周

图6-105 利用跟踪工具对人物进行跟踪

画面的光影结构经过优化后，画面主次分明，人物主体更加突出，前后对比效果如图6-106和图6-107所示。

图6-106　光影重塑前

图6-107　光影重塑后

4. 画面局部调色

二级调色中的另一个重要操作是对画面的**局部色彩**进行调整。比如，很多时候，我们会遇到需要对画面中的人物肤色进行调整的情况。同样以此画面为例，女主的皮肤因为处于画面的中间调部分，在进行分离色调的操作时染上了较多的暖色，肤色偏黄，如图6-108所示。所以我们需要将肤色中的黄色减去一些，并适当提高肤色亮度，让人物面部看起来更加美观。

在进行肤色调整时，我们可以利用矢量图中的肤色指示线。打开矢量图设置里的"显示肤色指示线"，我们可以看到矢量图的红色和黄色中间出现了一条细线，如图6-109所示。亚洲人较好看的肤色通常在这条线附近靠近红色的部分，视觉上呈现出一种红黄偏品红的色调。

图6-108　原始肤色

图6-109　矢量图中的肤色指示线

打开限定器窗口，画面中自动出现一个吸管标志，在人物肤色部分单击，肤色部分被选中。此时，我们需要单击预览窗口工具栏中的按钮，打开突出显示模式，这样就能够直观地看到被选中的范围。在限定器窗口中，可以通过色相、饱和度、亮度来调整选择范围。也就是说，尽量避开我们不想选的颜色，留下我们想选的颜色。在右边的"蒙版优化"窗口中，我们可以通过调整参数来让选区的边缘更加柔和，过渡更加自然，最终选出一个理想的选区，如图6-110所示。

有时候，我们会发现，无论怎么调整选区，背景中都会有其他跟肤色相近的颜色被选中。此时，我们可以利用窗口工具，对人物面部范围进行框选。选中窗口工具中的钢笔工具 ，对画面中的人物面部进行手动绘制选取，如图6-111所示，并仔细调整边缘柔化程度，保证选区过渡自然。这样除了人脸以外的其他选区就被排除在外了。

选区选择完成后，不要忘记使用跟踪器对人物面部进行跟踪，以保证人物脸部一直处于被选择的范围之内，如图6-112所示。

图6-110 使用限定器来选取肤色

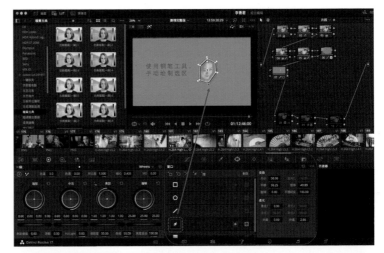

图6-111 使用钢笔工具绘制窗口

图6-112 使用跟踪器来跟踪人脸

完成人物面部皮肤选择后，可以将监视器画面放大，方便我们查看肤色。如果肤色偏黄，在色轮区域中，将中灰色轮中间的圆点往蓝色方向移动，降低肤色中的黄色。接着，提高中间调的亮度，可以看到肤色亮度被提高了，显得更加明亮红润，如图6-113所示。在此调整过程中，我们可以不断观察矢量图窗口，保证肤色更加靠近肤色指示线，如图6-114所示。

图6-113 使用色轮来进行人脸去黄、提亮

我们除了可以使用"窗口"+"限定器"来对画面的局部颜色进行调整，还可以使用曲线工具对画面中的局部进行二级调色。在图6-115所示的画面中，我们可以调整背景中树叶的颜色，让树叶偏向黄色，以增加秋天的氛围感。

图6-114 调整前后的肤色与肤色指示线周围的色彩变化

图6-115 目标：将背景中的树叶调成黄色，将女主的红色抹胸调成洋红色

首先，我们使用限定器窗口中的吸管工具吸取画面中的绿色，通过蒙版优化精细选择背景中绿色的范围，尽量不要选到人脸等不需要调色的地方，如图6-116所示。

图6-116 用限定器窗口中的吸管工具吸取画面中的绿色

在色轮区域中，利用"偏移"色轮，将选取的绿色整体往黄色方向调整，并适当调节曝光，让背景的绿色呈现出黄色调，以增加秋天的氛围感，如图6-117所示。

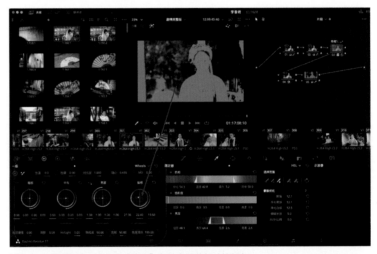

图6-117 利用色轮区域中的"偏移"色轮来调节绿叶的颜色

接着打开"曲线"窗口中的"色相 对 色相"曲线，这个曲线的操作思路是先选择一个色相，然后将其调整成想要的色相。我们用吸管工具选取画面中女主抹胸上的红色，如图6-118所示，然后在"曲线"窗口中将红色部分向上提升，此时画面中的红色变为洋红色。

图6-118 利用"色相 对 色相"曲线来调节抹胸的颜色

因为曲线的操作会对全局画面产生影响,所以女主的口红颜色也发生了变化。因此,我们需要使用限定器工具对抹胸的范围进行选定,防止此曲线操作影响到画面中的其他颜色,如图6-119所示。局部调色前后对比如图6-120所示。

图6-119　利用窗口和跟踪器将色彩调节范围限制在女主的抹胸上

图6-120　局部调色前后对比

6.5　古风视频的风格化调色

人们对色彩的认知既是集体意识的反映,也是一种个人审美的偏好。同样,调色没有对错之分。笔者认为,古风视频的调色可以在不偏离古典审美的大范围内进行自由的创作与发挥。但是,调色对于很多初学者来说难度较高,尤其是对于二级调色中的各种操作流程,很多初学者都表示难以下手。达芬奇虽然提供了许多调色工具,但是我们需要经过不断的练习才能熟悉软件的操作。那么,有没有相对容易的调色方法呢?很多喜欢读者都知道,手机修图软件里会提供各种各样的"滤镜",只要给照片加上滤镜,就能快速实现想要的照片风格。达芬奇中也同样提供了这样的"滤镜"。在达芬奇中,这种"滤镜"的专业名称叫作LUT(调色预设)。

LUT的分类

　　LUT是Look Up Table的缩写，是"颜色检查表"的意思。LUT的原理是通过调节RGB的数值来改变画面颜色。在调色时使用LUT能够快速实现某特定的色彩风格，提高后期调色的工作效率。

　　进入"调色"页面，单击左上角的"LUT"按钮，即可进入"LUT"页面。达芬奇自带的LUT种类很多，我们也可以自行添加和安装更多的LUT，这些LUT主要分为两种类型，一种是还原LUT，另一种是风格LUT。

　　还原LUT通常用于对原始素材色彩空间的转换。我们的手机和普通的相机拍摄出来的画面一般都是色彩鲜明、对比正常、可直接观看的画面。这种画面所采用的色彩空间叫作Rec.709。但是，一些高端的相机和专业摄像机通常会提供灰片模式进行拍摄，该模式拍摄的素材画面饱和度和对比度较低，画面呈现出灰蒙蒙的特点，但是后期调色空间更大，必须经过转化后才能恢复到Rec.709色彩空间，便于在屏幕上观看以及进行下一步的调色工作。这样的转化工作中所使用的LUT就叫作还原LUT。达芬奇中的还原LUT列表如图6-121所示。

　　风格LUT，顾名思义，主要用于二级调色流程中对画面进行风格化调色。比如很多摄影师喜欢使用的青橙LUT，就是在色彩查找文件中将高光和阴影分别设置为橙色和青色，把这样的LUT添加在经过一级校色的标准画面上后，原画面的高光和阴影就被染上橙色和青色，从而实现智能化的"一键调色"。笔者在达芬奇中安装的风格LUT列表如图6-122所示。

图6-121 达芬奇中的还原LUT

图6-122 笔者在达芬奇中安装的风格LUT

LUT的安装

达芬奇中自带的LUT大部分为还原LUT，主要用于对原始素材的色彩空间进行转换。灰片模式也叫作LOG模式，不同品牌摄像机中的灰片模式名称是不一样的，比如索尼摄像机中的叫作S-Log，佳能摄像机中的叫作C.Log。我们在使用还原LUT时，需要了解原始素材所采用的摄像机品牌和log曲线参数。有一些还原LUT在达芬奇中没有，需要我们手动安装。案例所示的古风音乐视频是使用佳能EOS R5拍摄的，前期拍摄时在相机中设置了clog3灰片模式。素材导入达芬奇后，需要先将素材的色彩空间转化为Rec.709。

佳能官网提供了clog3官方还原LUT下载链接，如图6-123所示，我们首先将其下载。

图6-123　进入佳能官网下载官方还原LUT

在达芬奇菜单栏中选择"文件"|"项目设置"命令，如图6-124所示。打开"项目设置"对话框，选择"色彩管理"选项卡，如图6-125所示，单击"查找表"中的"打开LUT文件夹"按钮，弹出的文件夹就是达芬奇各种LUT文件的存放位置。

图6-124　选择"项目设置"命令

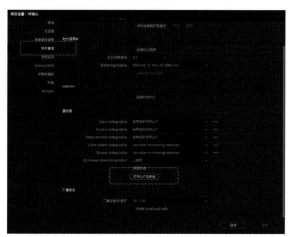

图6-125　选择"色彩管理"选项卡

将下载好的LUT文件直接复制到这个文件夹中,如图6-126所示。然后单击"保存"按钮关闭对话框,如图6-127所示,这样佳能官方还原LUT就被加载到了达芬奇中。

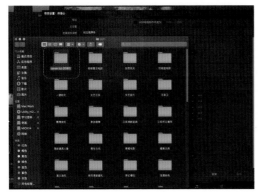

图6-126 复制下载的LUT文件

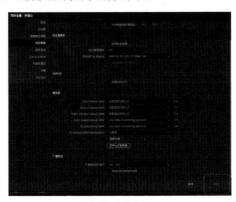

图6-127 单击"保存"按钮

LUT的使用

安装LUT之后,就可以在达芬奇中使用LUT对视频进行调色了。此片段采用佳能C.Log模式拍摄,拍摄效果如图6-128所示。

在"LUT"页面中找到Canon文件夹,根据前期相机的

图6-128 clog拍摄的原始画面

设置,找到对应参数的LUT文件并将其拖到第一个调色节点中。此时,原本偏灰的画面恢复了应有的色彩,如图6-129所示。

图6-129 添加还原LUT

　　但是我们看到,还原后的画面效果并不理想,因此我们需要对画面进行一级校色。一级校色的方法可参考本章上节内容,校色后的效果如图6-130所示。

　　一级校色完成后,还需要对画面进行风格化调色。上一节介绍了手动风格化调色的方法,这里使用风格LUT来对画面进行调色。笔者在达芬奇中安装了各种风格LUT,这些风格LUT的安装方法与还原LUT的一样。

　　在该画面的背景中,绿色占据了绝大部分,绿色的饱和度也较高,而笔者希望将此画面调整为清新淡雅的色调,于是挑选了一个灰调LUT将其拖到节点上,如图6-131所示。

图6-130　一级校色后的效果

图6-131　添加灰调LUT

　　此时,我们可以看到画面的饱和度降低,而背景中的绿色几乎没被消除。笔者觉得此时画面过于灰,因此可以降低这个LUT的强度,让色彩再恢复一些。单击调色工具栏中的节点键按钮██,在节点键面板中降低"键输出"的"增益"数值,如图6-132所示。此时画面中的色彩恢复一些,这个LUT的强度被降低。这里可以将LUT理解为一个有颜色的图层,而降低"键输出"的"增益"值,就相当于降低了图层的不透明度,让LUT的使用效果更加自然。

　　此时,画面的整体色彩倾向已经形成,但是还需要进一步的精细化调整。笔者期望画面更加清冷,而画面中的绿色偏暖,因此需要采用局部调色法单独调整背景中的绿色。新建节点,在节点中使用曲线中的"色相 对 色相"曲线,用吸管工具██选中画面的中绿色,然后将曲线中间向下拖,使画面中原本偏黄的绿色呈现出偏青的色调,如图6-133所示。

　　接着,我们调整画面的色温、高光阴影细节,进一步凸显清冷淡雅的色彩氛围,如图6-134所示。

图6-132 降低LUT的强度

图6-133 将画面中的绿色往青色调

图6-134 调整色温、色调等细节

使用"窗口"工具⬭框选出人物，重塑光影氛围，如图6-135所示。至此，这个画面的二级调色基本完成。

该画面调色前后效果对比如图6-136所示。

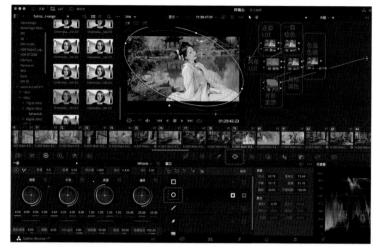

图6-135　重塑光影氛围

图6-136　调色前后效果对比

镜头匹配与仿色

在一段视频中，一个场景的镜头通常采用一种色调，如果前后两个镜头的颜色差距太大，容易让观众产生跳跃的视觉感受。但是一个镜头一个镜头地调整，会降低我们的调色工作效率。此时我们可以在达芬奇中使用镜头匹配的方法，让后面的镜头快速匹配前一个镜头的颜色。

在进行同一场景的镜头调色前，我们可以先选定一个主镜头进行调色。主镜头并不一定是这一场景的第一个镜头，而是能够让其他镜头都与其快速匹配的镜头，这样的镜头一般需要满足以下几个条件。

● 景别相对适中，以中近景为主。

● 曝光相对均衡，画面中的高光、阴影、中灰等部分都有，画面逆光、较暗等的镜头不适合做主镜头。

● 人物与背景比例适中，人物肤色曝光正常，基本处于画面的中间调。

在古风音乐视频《折枝花满衣》中，我们期望将所有下雨的场景都调成统一的冷色调。首先我们选定下雨场景的主镜头，对其进行一级校色和二级调色，调成偏蓝的冷色调，营造雨天的阴冷氛围，如图6-137所示。

图6-137 对选定的主镜头进行一级校色和二级调色

接着我们选中女主在大雨中奔跑的全景画面，然后在片段预览窗口中，在已经调好色的主镜头片段上单击鼠标右键，在快捷菜单中选择"应用调色"命令，这样主镜头的所有调色节点都被复制到了这个全景画面中，如图6-138所示，这样就快速实现了前后画面的色调统一。

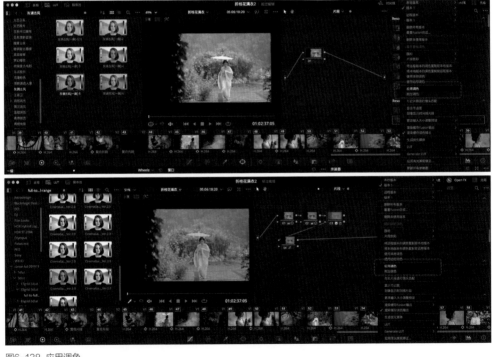

图6-138 应用调色

需要注意的是，尽管是同样的场景，但是镜头在色调和曝光上会存在差异，因此在匹配完主镜头的色调后，还需要对其他镜头分别进行精细化的调整。比如这个女主的侧脸镜头匹配完主镜头色调后整体较暗，我们需要对此镜头的曝光进行调整，保证女主的人脸有相对正常的曝光，如图6-139所示。

如果前后镜头的曝光、色调差别较大，笔者建议可以先将每个镜头的一级校色做好，保证一组镜头的颜色相对统一。然后，我们将二级调色所使用的调色节点或者LUT另存为"共享节点"，这样在其他镜头中，我们只需要添加此"共享节点"，就可以快速完成一组镜头的二级调色。

比如在女主花树下喝酒的场景中，笔者在二级调色中想统一使用暖青风格的LUT，具体操作方式是在节点中添加LUT并设置增益数值后，在节点上单击鼠标右键，选择快捷菜单中的"另存为共享节点"命令，如图6-140所示，此时这个LUT及其参数设置就被保存了下来。同时，我们还可以以双击节点上的英文对其进行重命名，比如将其名称设置为"暖青93"，如图6-141所示。

图6-139 进一步调整，保证前后曝光统一

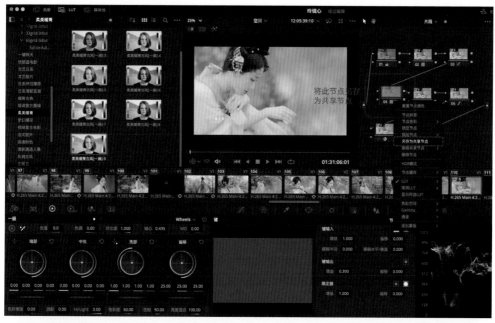

图6-140 另存为共享节点

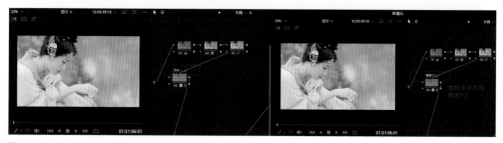

图6-141 双击共享节点上的英文为共享节点重命名

那么在下一个画面中,我们需要在节点上单击鼠标右键并选择快捷菜单中的"添加节点"命令,就可找到已经保存的共享节点"暖青93",如图6-142所示,选择它就可直接将其应用到此画面上。

我们可以再对此镜头进行更细致的调整,以达到最佳的色彩效果。需要注意的是,使用共享节点的方式只适用于二级调色。因此需要我们根据每个镜头的实际情况做好一级校色,让一组镜头的曝光、色调、对比度、白平衡等都相对均衡,这样在使用共享节点后才能达到统一的效果。

图6-142 添加共享节点

影视仿色

作为初学者,很多时候我们会发现一部电影或者电视剧的画面色调非常好看,也想学习模仿这样的色调,将视频画面调成与其类似的效果。达芬奇提供了一个快速匹配色调的功能,能够让我们一键匹配理想色调。首先,我们找到自己想要模仿的影视剧的截图,并将其导入达芬奇,如图6-143所示。然后,我们对需要匹配色调的镜头进行一级校色,如图6-144所示。

图6-143 选择一张参考截图并导入达芬奇

图6-144 完成一级校色

　　在片段预览窗口中的影视剧截图上单击鼠标右键,在快捷菜单中选择"与此片段进行镜头匹配"命令,如图6-145所示,达芬奇会自动将镜头色调与参考画面进行匹配。

　　不过,因为我们的镜头与参考画面在构图、曝光、白平衡等方面存在差异,所以匹配效果很难达到一个理想的状态,但这种操作给我们提供了一个调色思路。首先,我们可以在匹配完色调后降低此节点的"键输出"的"增益",以降低匹配程度,如图6-146所示,然后再对画面进行精细化调色,以获得更加协调美观的色调。

图6-145 对镜头进行色调匹配

图6-146 调整"键输出"的"增益",并进行精细化调色

6.6 人物的美化与修饰

古风视频的创作者中有很大一部分之前是从事人像摄像、写真拍摄的摄影师，他们自然而然地将人像后期修图中的一些审美要求带到了古风视频的创作领域。早期的古风视频多是基于汉服推广和宣传的需求而拍摄的，出镜的模特也以女性为主，因此无论是创作者、消费者还是观看者，都非常注意视频中的人物美化工作。

随着视频后期软件的不断更新，如今的后期技术已经能够实现磨皮、瘦脸、祛痘、身形拉长，甚至妆容细节的修饰与美化。可以说，技术的进步满足了古风视频创作者"求美"的诉求。

在完成调色工作后，我们可以对视频中的人物进行进一步美化与修饰，以求尽善尽美。

颜如玉：如何打造无瑕肌肤

上一节介绍了如何通过局部调色来矫正人物的肤色，结合达芬奇"调色"页面中的限定器和窗口工具，我们可以对人脸进行美白、提亮等操作。如今无论是手机还是相机，镜头像素的提升都带来了清晰的画质，但是人物脸上的诸如痘痘、皱纹、斑点等瑕疵也会被记录了下来。所以，想要获得更加完美的皮肤质感，我们可以在后期对这些瑕疵进行修饰，也就是通常所说的"磨皮"。

在达芬奇中磨皮的方式有以下几种。

1. 中间调细节磨皮

首先对画面进行一级校色与二级调色。因为是高清特写画面，女主的皮肤细节清晰可见，如图6-147所示，所以我们要对人物进行磨皮处理。

新建一个节点，使用前面介绍的方法，用限定器📊和窗口工具◯将女主的皮肤选出来并进行跟踪，如图6-148所示。

单击▦按钮进入色轮区域，调整"MD"（中间调细节）的数值，将其降到0以下。在监视器中我们可以看到，随着"MD"数值的降低，人物脸部的皮肤显得越来越光滑，如图6-149所示。这里其实是对选区里的人物皮肤进行了模糊处理。

图6-147 皮肤的原始状态

在实际操作时,"MD"数值要适中,数值越低,皮肤上的细节会越少,画面中高光和阴影的对比也会降低,因此光影的层次也会被压平。中间调细节磨皮适合人脸瑕疵不多,且人脸光线比较平整的画面。

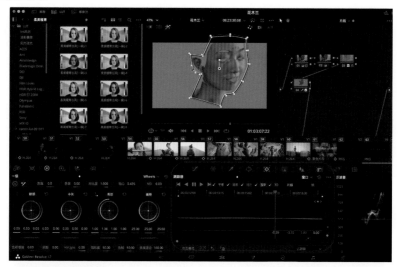

图6-148 建立皮肤选区

图6-149 降低选区的"MD"数值

2. "美化"插件磨皮

达芬奇自带的插件中,有两个可用于磨皮,其中一个是"美化"插件。先使用同样的方法选取人脸皮肤并进行跟踪,如图6-150所示。

然后在调色界面右上角的"Open FX"插件栏中找到"美化"插件并将其拖到节点上,如图6-151所示。

在"操作模式"列表框中选择"高级"选项,这样磨皮操作的详细参数就会显示。首先在"磨皮"选项栏中提高"漫射光照明"的数值,此时人脸皮肤变得光滑,但是一些细节也被消除了。接着进行纹理恢复操作，将"添加纹理"的数值拉高，观察眼睛、眉毛及皮肤的纹理，使其得到一定程度的恢复，如图6-152所示。最后进一步恢复人脸的光影特征，提高"恢复程度"的数值，人脸的光影特征得到一定程度的恢复。这样，我们就完成了磨皮操作。

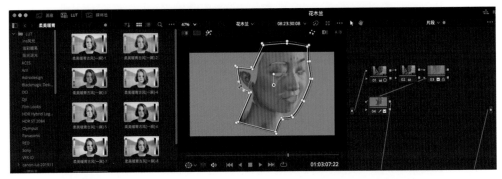

图6-150 建立皮肤选区

图6-151 添加"美化"插件

图6-152 调整磨皮参数

　　达芬奇的"美化"插件可以满足绝大部分情况下的人脸磨皮需求，是非常实用且高效的磨皮工具。它能在对人脸进行磨皮美化的同时还原人脸的真实质感，尤其适合像案例镜头中这种侧光、侧逆光的人脸，磨皮效果非常真实自然。在实际操作中，创作者可以反复尝试调整"漫射光照明""添加纹理""恢复程度"这3个数值，以求得到最好的磨皮效果。

3."面部修饰"插件磨皮

　　"面部修饰"插件相比于"美化"插件可以进行更多、更加精细化的人脸修饰，其磨皮功能也非常好用。使用"面部修饰"插件时不需要进行皮肤选取，我们直接将"面部修饰"插件拖到调色节点上，如图6-153所示。然后在"设置"面板中单击"分析"按钮，达芬奇会对人脸进行自动识别，如图6-154所示。

图6-153 添加"面部修饰"插件

图6-154 人脸自动分析识别

分析完成后，取消勾选"显示叠加信息"复选框，然后在下方的"操作模式"列表框中选择
"高级美化"选项，如图6-155所示。

调整"漫射光照明""添加纹理""恢复程度"这3个参数，如图6-156所示，磨皮操作
完成。

图6-155 选择"高级美化"选项

图6-156 调整磨皮参数

在"设置"面板下方的"调色"选项栏中我们可以对人脸的光影效果进行进一步的修饰与美化,甚至完全可以重塑人脸光影。比如本案例镜头来自笔者创作的古风短视频《木兰》,在花木兰梳妆的场景中,拍摄时使用侧逆光,以凸显人脸的层次和立体感。所以在磨皮过程中,笔者不希望这种对比较强的光影层次被磨皮效果破坏。因此,我们可以适当提高对比度,凸显光影的对比,而调整"去油光"则可以消除脸部出油以及反光板补光造成的人脸反光,如图6-157所示。感兴趣的创作者可以对各项参数自行调节,尝试不同的磨皮效果。

磨皮前后效果对比如图6-158所示。

图6-157 调整"对比度"与"去油光"

图6-158 磨皮效果前后对比

"面部修饰"插件非常智能也非常全能,但是并不适用于所有镜头。比如当镜头中的人脸由正面转到侧面时,插件不一定能正确识别出人脸部分;另外,当人脸在画面中的占比较小时,插件通常也很难自动识别到人脸,如图6-159所示。除此之外,有时候我们需要磨皮的地方并不一定是人脸。比如,对人物手部等其他身体部位进行磨皮时,"面部修饰"插件同样无能为力。所以,是使用"美化"插件还是"面部修饰"插件进行磨皮操作,需要具体情况具体分析。

图6-159 "面部修饰"插件无法识别侧面局部人脸

面若桃：人物脸形修饰

相比于手机修图软件中的一键瘦脸功能，达芬奇提供了更加精细化的瘦脸功能。通过达芬奇中的"变形器"插件，我们可以完成人物脸形的修饰，不仅可以瘦脸，还可以瘦下巴、调整头型、改善凸嘴、瘦肩膀、瘦手臂等各种操作。

达芬奇的瘦脸功能虽然强悍，但是对于原素材的要求较高。达芬奇的瘦脸功能适用于人物在镜头中**不动或者运动方向稳定、变化角度小**，另外在运动的过程中**没有遮挡物遮住人脸**的素材。因为达芬奇的瘦脸功能是利用"变形器"插件和跟踪器配合实现的，一旦人物的运动方向和方式变得复杂，就不容易跟踪，瘦脸效果就会大打折扣。下面，我们就根据不同的运动方式，对达芬奇的瘦脸功能进行演示。

1. 人脸在画面中保持相对静止

在这个镜头中，模特在画面中静止不动，只有轻微的抬头动作。在进行调色与磨皮操作后，新建一个节点。在达芬奇的"OpenFX"面板中找到"变形器"插件，并将其拖到节点上，如图6-160所示。

图6-160 添加"变形器"插件

进入"设置"面板，设置"边缘处理"为"复制"，设置"质量"为"更好"，如图6-161所示。

图6-161 设置"变形器"参数

将鼠标指标移动到监视器画面上，鼠标指针会变成一个带十字点的箭头，单击鼠标左键一次，画面中出现一个白圈，这个白圈就是控制画面变形的移动点，我们将白圈放置于人物脸颊边缘，如图6-162所示。

接着按住Shift键，再次单击画面，画面中出现红圈，将红圈放置于眉头、眼角、嘴角等处，这个红圈是变形时的固定点，如图6-163所示。

接着移动画面中的白圈，可以看到白圈处的画面被牵拉移动，如图6-164所示。

图6-162 打白圈（变形点）

图6-163 打红圈（固定点）

图6-164 移动白圈变形（瘦脸）

将白圈向人脸中间移动，人脸的边缘向内收缩，这样就完成了瘦脸的第一步操作，效果如图6-165所示。

注意：在画面中添加的圈越多，变形操控就越精准；红圈除了可以打在五官等不需要移动的地方外，还可以打在衣领、肩膀、人物头部周围，这样在移动白圈时，人物的五官、肩膀、衣领、头部周围的背景都不会产生变形，导致画面效果失真。

接着进行第二步操作，单击"跟踪器"按钮 ⊕ ，进入"跟踪器"面板。单击"特效FX"按钮 ⓕ ，进入特效FX跟踪面板，如图6-166所示，以便对人脸进行跟踪，保证变形点一直处于正确的跟踪位置。

图6-165 瘦脸后的效果

图6-166 特效FX跟踪面板

单击特效FX跟踪面板左下角的"添加跟踪点"按钮 ⬏ ，画面中随之出现一个蓝色十字，将蓝色十字放置于画面中相对固定的像素点上，该点既可以是固定点，也可以是画面中需要保持不动的像素点；然后单击"正向跟踪"按钮 ▶ ，达芬奇会对此段镜头进行智能化跟踪操作；跟踪完成后，再次单击"反向跟踪"按钮 ◀ ，进一步完善跟踪路径，如图6-167所示。这样变形点就完成了跟踪操作，即使人物有小范围的运动，比如行走、抬头、轻微转身等，变形点都能一直保持相对稳定的跟踪，实现相对精确的瘦脸操作。

图6-167 对变形器产生的瘦脸效果进行跟踪

2.人物有转头转身等运动

这个镜头是人物由侧面转向斜侧面的一个运动镜头,这种镜头同样也可以使用"变形器"+"跟踪器"的方式进行瘦脸操作。首先仔细观察人物在画面中的运动,找到画面中位置变动最小的像素点,如图6-168所示。比如在这个镜头中,虽然人脸和五官都在运动,但是人物的耳朵和城墙相对不动,因此我们需要把跟踪点打在这些地方。然后针对这种转身的镜头,我们需要在五官相对露出的地方打点,比如这个镜头是由侧脸转到斜侧脸,那么可以在镜头结尾处打点,然后用跟踪器进行反向跟踪,这样正确率会高一些。

所以我们将画面定位到镜头结尾,如图6-169所示,添加"变形器"插件并进行变形点和固定点的设置。

图6-168 分析画面,找到变动最小的像素点

图6-169 将画面定位到视频结尾

用"变形点"插件对人物进行瘦脸,然后单击"跟踪器"按钮,在特效FX跟踪面板添加跟踪点,单击"反向跟踪"按钮◀进行跟踪,如图6-170所示。人脸由斜侧面转向侧面,跟踪完后,单击"正向跟踪"按钮▶,反复检查跟踪路径,保证人脸在转动的过程中没有发生变形。

图6-170 添加跟踪点并进行跟踪

在特效FX跟踪面板中,可以查看跟踪指示线,检查跟踪效果,如图6-171所示。如果跟踪指示线保持在一条水平线附近,说明跟踪效果比较稳定;如果跟踪指示线呈现出上下起伏的状态,则表明跟踪点位置发生了变化,效果失真。

瘦脸前后效果对比如图6-172所示。

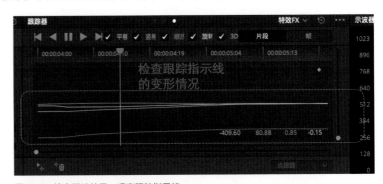

图6-171 检查跟踪效果,观察跟踪指示线

图6-172 瘦脸前后效果对比

身似柳：人物形体美化

达芬奇不仅可以用于瘦脸，我们利用相关插件和功能，甚至可以对视频中的人物进行形体美化。达芬奇中的形体美化主要涉及以下几个部分。

1. 拉高身形

达芬奇中拉高身形的原理是利用窗口工具和"调整大小"工具对画面中的人体进行拉伸，从而在视觉上实现"长腿""长高"的效果。比如在这个男主练剑的全景画面中，我们先进行一级校色和二级调色，效果如图6-173所示。

新建节点，然后打开"窗口"工具栏选择"四边形"窗口工具，在画面中对人物的腿部绘制一个矩形窗口，调整窗口的位置、大小和角度，让其上边缘刚好卡在人物的腰部，如图6-174所示。这样做是为了只拉长人物的腿部，不影响上半身的比例。

图6-173 一级校色和二级调色后的画面

图6-174 在人物的腿部绘制矩形窗口

单击 按钮，打开调整大小面板，这里一定要选择"调整节点大小"选项，如图6-175所示。然后提高"高度"的数值，如图6-176所示，可以看到画面中人物的腿部已经有了一定程度的拉伸，整体上人物变高了。

图6-175 选择"调整节点大小"选项

图6-176 调整"高度"

注意，使用窗口工具拉伸人物时，一定使用跟踪器对这个矩形窗口进行跟踪，保证拉长效果一直跟踪着人物的腿部，如图6-177所示。

图6-177 对拉伸窗口进行跟踪

人物腿部拉伸
前后效果对比如图
6-178所示。

图6-178 人物腿部拉伸前后效果对比

　　另外, 有些画面可以不用绘制窗口, 而采取整体拉伸画面的方式, 让人物看起来更高。比如在侧面全身镜头中, 观众关注的是人物的身体而不是面部, 所以可以适当忽视面部比例, 对整体画面进行拉伸操作。

　　此时我们只需要打开调整大小面板, 选择"调整节点大小"选项, 然后直接调整"高度"数值, 如图6-179所示, 即可拉伸整个画面, 从而实现人物变高的视觉效果。

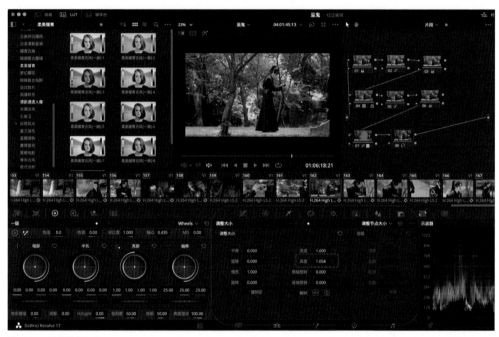

图6-179 拉伸整体画面

　　拉伸画面前后效果对比如图6-180所示。

图6-180 拉伸画面前后效果对比

2. 收腰瘦肩

　　达芬奇中的收腰和瘦肩功能, 跟瘦脸功能所采用的调整思路是一样的, 都是采用"变形器"插件+"跟踪器"的方式完成的。比如在图6-181所示的画面中, 服装导致人物腰部看起来比较宽，非常影响体态。

新建调色节点，将"变形器"插件拖到节点中，将"边缘处理"设置为"复制"，"质量"设置为"更好"。然后在画面中添加变形点和跟踪点，用固定点固定住脖子、肩膀、背部等位置，用变形点将凸出的腰部向内收，同时适当提升腰线，这样就完成了收腰操作。接着在人物周边不变的像素点上打上较多的固定点，最后打开"跟踪器"面板中的特效FX跟踪面板，在画面中添加跟踪点并进行跟踪操作，如图6-182所示。

图6-181 原始画面

图6-182 使用"变形器"插件与"跟踪器"进行收腰操作

收腰前后效果对比如图6-183所示。

图6-183 收腰前后效果对比

瘦肩的操作方式也一样。适当的"溜肩"效果能让人物看起来更加纤瘦，更具古典美感。在图6-184所示的画面中，我们使用"变形器"插件调整人物的肩膀，压低肩膀线条并适当缩小脖子宽度，同时结合瘦脸操作，让人物的肩颈部位看起来更加挺拔、纤瘦。最后，不要忘记使用跟踪点对变形点进行跟踪，如图6-185所示。因为这个镜头中的人物在走动，所以我们需要尽量多打一些固定点和跟踪点，以保证在人物运动的过程中瘦肩效果自然。

图6-184 原始画面

图6-185 使用"变形器"插件和"跟踪器"进行瘦肩操作

瘦肩前后效果对比如图6-186所示。

图6-186 瘦肩前后效果对比

3. 调整头型

我们利用"变形器"插件+"跟踪器"还可以对视频中的人物进行拉高颅顶、调整发际线、收下巴甚至"隆鼻"等操作。但是这样的操作对原素材的要求较高，比如人物在画面中要保持相对静止，画面以近景和特写为主。

下面以这个侧面特写镜头为例进行操作演示。将"变形器"插件拖到节点中，首先用固定点固定住眼睛、嘴角、耳环、头饰等不需要变形的位置，如图6-187所示。然后用变形点稍微提高鼻梁，完成"隆鼻"操作；接着在下巴最低点打上红色固定点，然后用白色固定点沿着下颌线边缘轻微向上抬起，完成"收下巴"操作。接着观察画面，发现女主的发型不够饱满，用变形点对后脑勺的发髻进行修饰，尽量让侧面的线条流畅、圆润，视觉上更加美观，如图6-188所示。最后，别忘了使用跟踪点对变形操作进行跟踪，注意保证效果流畅，如图6-189所示。这样就完成了一组精细化的头型调整。

图6-187 添加"变形器"插件并打固定点

图6-188 添加变形点并进行收下巴、"隆鼻"、调整发髻等细节美化操作

图6-189 对变形点进行跟踪

头型调整前后效果对比如图6-190所示。

在实际操作中,对人脸的修饰并不是后期制作的必需流程,创作者需要具体情况具体分析,调整的范围和程度也要适中,不宜过于夸张。

图6-190 头型调整前后效果对比

眉如画:妆容与细节美化

达芬奇自带的磨皮插件虽然功能强大,但也不能解决所有问题。在实际操作中,很多创作者会发现,如果将磨皮的数值调得过高,皮肤在变得光滑的同时也会损失更多细节,一些精致细腻的妆容细节会被磨皮操作抹掉。此时我们虽然可以通过降低磨皮强度、添加纹理、恢复细节等操作降低磨皮效果,但皮肤的瑕疵也会随时还原。因此,我们需要对妆容与细节进行局部调整。

1. 祛斑祛痘

脸上的痘痘和斑点因为面积较小、颜色较深,一般的磨皮操作通常不能很好地将其去除,这时我们可以用窗口工具对脸上的痘痘和斑点进行选定。比如,案例所示因为是特写画面,所以人物上唇的痘印很明显。选择"窗口"面板中的"圆形"窗口工具◐,将其拖到痘印所在位置并调整大小和边缘,如图6-191所示。

接着单击◐按钮,打开模糊面板,在"半径"选项里降低或提高数值,如图6-192所示,这样选区内的画面就会被模糊掉,痘印也就消失了。

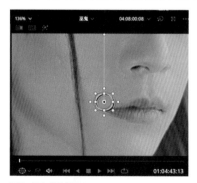

图6-191 绘制窗口

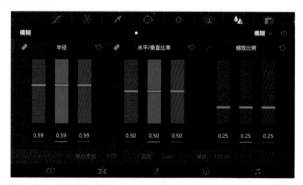

图6-192 "模糊"面板

操作完成后,我们同样需要对选区进行跟踪,如图6-193所示,保证圆形窗口一直跟踪痘印。

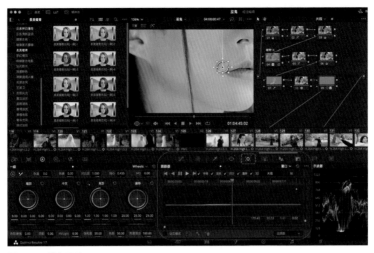

图6-193 进行跟踪

祛痘印前后效果对比如图6-194所示。

使用同样的方法,我们可以对人物脸上的毛孔进行单独处理。使用"窗口"面板中的曲线工具对人物脸上毛孔粗大的区域进行手动绘制选取,然后只需要降低MD的数值,就可以达到缩小毛孔、平滑肌肤的效果,如图6-195所示。

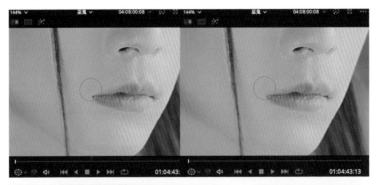

图6-194 祛痘印前后效果对比

图6-195 使用钢笔工具绘制窗口进行局部磨皮

磨皮前后效果对
比如图6-196所示。

图6-196 磨皮前后效果对比

需要注意的是,"模糊"和"MD"都可以用来处理皮肤的细节,但是"模糊"的强度一般比
较大,适合用来处理小范围的、颜色深的瑕疵;而"MD"的作用效果相对比较平滑,适合用来
处理面积稍大、效果自然的磨皮细节。

2. 去除泪沟、法令纹、黑眼圈

泪沟、法令纹、黑眼圈其实都是皮肤上的纹路和
颜色沉淀,其处理方法与祛痘一样。在实际操作中,我
们可以先选择泪沟、法令纹和黑眼圈等瑕疵区域,然
后根据不同区域,针对性地使用"模糊"和"MD"进行
美化。

在《木兰》的这个特写镜头中,笔者使用了多种方
式对人物脸部进行磨皮美化处理,磨皮前的效果如图
6-197所示。首先,使用限定器选取皮肤区域,然后结合
"美化"插件对人脸进行初步的磨皮操作,如图6-198
所示。

图6-197 原始画面

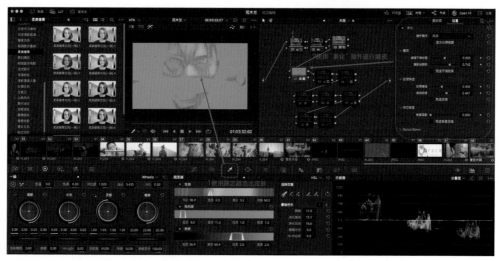

图6-198 使用限定器选取皮肤区域,并使用"美化"插件初步磨皮

然后用窗口工具在人物的眼下、下巴等处手动绘制选区，通过降低"MD"的数值来对黑眼圈等大面积的瑕疵进行处理，如图6-199所示。

接着观察画面，发现人物的眼下、鼻梁上还有一些斑点，可以对斑点进行框选，然后使用"模糊"对其进行处理，如图6-200所示。

图6-199 使用窗口工具进行二次磨皮

图6-200 祛除斑点

在进行皮肤美化时，创作者需要记得按照从大到小、从整体到局部的顺序进行操作。并非每一个画面都要按上文的步骤进行操作，我们应该根据拍摄的主题和内容，选择性地进行皮肤美化处理。同时，我们也应该保留一定的皮肤质感和细节纹理，如图6-201所示。切忌"塑料感"磨皮，这会给人假面感。

图6-201 保留一定的皮肤质感和细节纹理

3.妆容细节

古风视频中的人物妆容通常比较精致,在一些近景和特写画面中,我们应该保留和强化妆容质感,从而给观众带来更好的视觉感受。在达芬奇中,对妆容细节的调整可通过"面部修饰"插件进行。

先用"面部修饰"插件对人物的脸部进行磨皮处理,如图6-202所示。然后打开设置面板中的"眼部修整"选项,对眼睛进行锐化、提亮以及去黑眼圈、眼袋等操作。需要注意的是,"锐化"和"亮眼"的作用比较明显,只要稍微提高数值就可以产生不错的效果,如图6-203所示。

展开"唇部修整"选项,在这里可以改变唇色的饱和度,调整"色相"数值,可以看到唇色产生了明显的变化;展开"腮红修整"选项,可以调整腮红的色相、饱和度和大小等,如图6-204所示。

图6-202 使用"面部修饰"插件对人物脸部进行磨皮处理

图6-203 调整"锐化"与"亮眼"

图6-204 调整唇色和腮红的颜色

妆容细节调整前后对比如图6-205所示。

"面部修饰"插件几乎能实现所有五官和妆容细节的调整,其功能非常强大,感兴趣的创作者可以在达芬奇中自行操作。需要注意的是,"面部修饰"插件中对妆容细节的调整同样只适用于近景、特写等人脸细节明显的镜头,人脸在画面以正脸或者正侧脸为主。否则,达芬奇不能很好地识别五官和妆容位置,从而会产生不好的视觉效果。

图6-205 妆容细节调整前后对比

6.7 古风视频的包装与完善

经过粗剪、精剪、声音处理、调色与人物美化后,古风视频后期制作的大部分工作基本完成。此时,为了实现更好的整体效果和让每个细节都能尽善尽美,我们还需要对视频进行一系列的包装和完善工作。在古风视频后期制作的最后一个环节中,主要的工作内容有字幕的设计与制作、画幅设置、去除BUG等。

字幕的设计与制作

古风视频中的字幕主要有两种类型:一种是用于片头、片尾包装等起美化作用的标题字幕,另一种是用于标注人物对白、音乐歌词等的说明字幕。标题字幕的制作方法有以下两种。

1. 使用达芬奇中的"标题"功能

在"剪辑"页面中找到工具箱里的"标题"工具,选择其中的"文本"并将其拖到时间线上想要添加字幕的地方,时间线轨道上会自动生成一个文本素材;在"多信息文本"框中删去默认的英文内容,输入该短视频的标题"巫·鬼",如图6-206所示。接着在下方的各个选项中设置标题的字体、大小、颜色、位置,乃至阴影、描边等,如图6-207所示。不断调整,达到自己满意的效果为止。

在时间线轨道上,同样可以对文本素材添加转场效果,如图6-208所示。

图6-206 将"文本"拖到时间线上并输入标题字幕

图6-207 设置字幕属性

图6-208 为字幕添加转场效果

260

2. 使用Photoshop等软件制作标题字幕

达芬奇的文本功能基本可以满足常规的标题字幕制作需求，但是如果想要更加精致的字幕效果，我们可以借助Photoshop等软件设计制作标题字幕。古风音乐视频《折枝花满衣》的标题字幕是采用手绘方式书写好，然后导入Photoshop中排版并添加发光效果制作而成的，如图6-209所示。

将标题字幕制作成透明底的PNG格式图片，并将其导入达芬奇的媒体池中，如图6-210所示。

图6-209 在Photoshop中设计字体

图6-210 将PNG文件导入达芬奇

在达芬奇中，直接将图片拖到时间线上，适当调整位置和大小，添加转场效果，即可完成标题字幕制作，如图6-211所示。这种方式虽能制作出各种精美的标题字幕效果，但是需要有一定的书法技能，并且要会使用Photoshop，适合后期经验较丰富的视频创作者。

图6-211　拖到时间线上并调整

3．制作说明字幕

用于标注歌词、人物对白的说明字幕一般放置于画面中的固定位置（比如正下方），且数量较多，如果一句一句地添加效率比较低，因此需要批量制作。打开工具箱中的"标题"工具，选择"字幕"并将其拖到时间线上，此时时间线上自动生成一条字幕轨道ST1，如图6-212所示。

图6-212　将"字幕"拖到时间线上生成字幕轨道

将第一句歌词复制粘贴到文本框中，如图6-213所示，播放素材，当这句歌词唱完时，单击"添加"按钮，时间线上就出下一句的文本框。然后复制粘贴下一句歌词。依次添加所有的歌词，如图6-214所示，完成后就可以对字幕轨道上的所有字幕属性进行统一设置。单击"Style"选项卡，调整字幕的大小、字体和位置，可以看到字幕轨道上的所有字幕都随之变化了，如图6-215所示。

图6-213 输入第一句歌词并勾选"使用轨道风格"

图6-214 陆续输入其他歌词

图6-215 设置字幕属性

注意，在输入字幕时，一定要记得勾选"使用轨道风格"复选框，这样所有字幕的设置效果才能关联到一起。

所有歌词输入完后进入"交付"页面。在这里有一步非常重要的操作，即在设置页面中展开"字幕设置"选项栏，然后勾选"导出字幕"复选框，在"格式"列表框中选择"烧录到视频中"选项，如图6-216所示。这样我们导出视频时字幕才会被合并到视频中，如果没有进行此项操作，输出的视频中则不会有字幕。

图6-216 选择"烧录到视频中"

画幅：电影宽银幕画幅与竖版画幅

我们用相机拍摄的视频素材大多数都是比例为16:9的矩形画幅，如图6-217所示。这种画幅是目前绝大部分电视剧、网络视频的画幅。但是，有时候我们需要将原素材设置为一些特殊的画幅，以形成不同的视觉效果，满足不同平台的播放需求。

电影宽荧幕画幅是一种视觉上看起来更窄、更宽的画幅，标准的电影宽荧幕画幅是采用特殊的摄影机和镜头直接拍摄出来的。达芬奇可以为原始素材添加遮幅，来营造一个视觉上的电影宽荧幕画幅，如图6-218所示。

图6-217 16:9的矩形画幅画面效果

图6-218 2.35:1 电影宽荧幕画幅

264

在"剪辑"页面中打开"时间线"菜单，然后选择"输出加遮幅"|"2.35"命令，如图6-219所示。这样达芬奇就自动为画面的上下分别添加了一道"黑边"，与16:9的原始素材画面相比，较窄的画幅使画面更具有"电影感"。

但是这种通过后期添加遮幅改变画幅的方式会裁剪掉一部分画面，因此在前期拍摄时需要十分留意构图，且应尽量放大景别，从而给后期裁剪预留空间。另外，我们在拍摄时还可以在相机的监视器上下各贴一条黑胶带，方便直观地预览到裁剪后的画面效果。

目前的短视频平台一般都是竖版视频。在前期拍摄时，我们可以直接将手机或者相机竖直拍摄，以直接获得竖版画幅素材。对于已经拍摄成横版画幅的素材，我们同样可以将其"包装"成更加适合短视频平台播放的竖版画幅。

新建一个竖版时间线，如图6-220所示。在时间线设置页面中，默认是1920×1080的横版16:9比例，这里我们需要将其改成1080×1920，这样时间线窗口就被设置成了9:16的竖版画幅。

图6-219 选择"输出加遮幅"|"2.35"命令

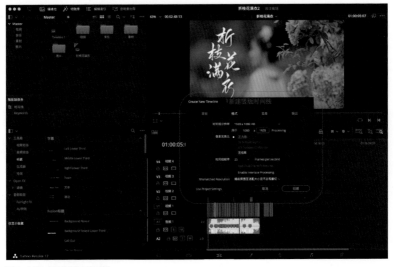

图6-220 新建竖版时间线

　　将横版画幅的素材导入时间线，上下出现黑边。将原素材复制两份，分别填充上下的黑边位置，这样就形成了一个竖版三分屏画面，具体操作如下。

　　按住Alt键，单击原素材并拖动就可以直接复制素材，分别在V2和V3轨道上复制素材，如图6-221所示。这时两个素材是重叠的，在V2轨道中设置"变换"中的"位置"，使素材向上移动，遮住上面的黑边，如图6-222所示。

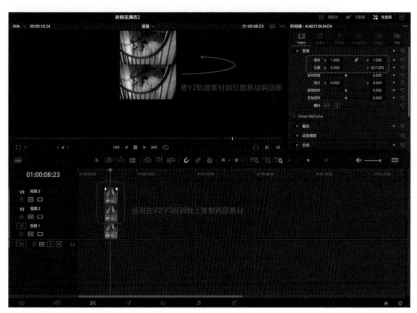

图6-221 复制一层素材并添加到上面一层轨道中

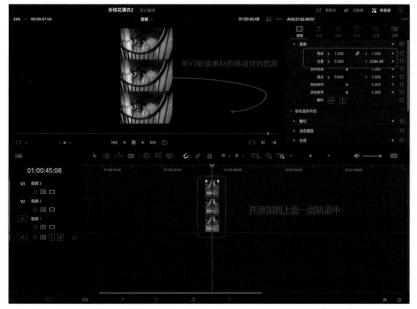

图6-222 再复制一层素材并调整素材位置

接着调整V3轨道上素材的位置，遮住下面的黑边。这样一个竖版三分屏画面的视频就制作好了，如图6-223所示。

另外还有一种方法。复制一层素材到V2轨道，然后选择V1轨道上的素材并将其放大至填满整个黑屏部分，如图6-224所示。因为V1轨道上的素材被拉大后画面会变模糊，所以不如让其作为背景，以衬托出V2轨道上的素材。

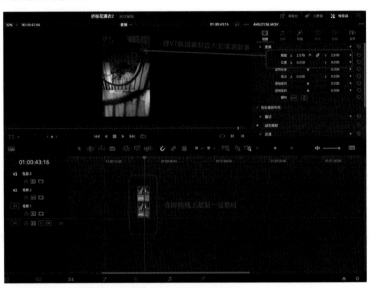

图6-223 竖版三分屏画面　　图6-224 复制一层素材添加到上面一层轨道并添加高斯模糊

在"Open FX"的"滤镜"列表中选择"高斯模糊"插件并将其拖到V1轨道的素材上，然后在"Effects"效果设置面板中设置模糊程度，如图6-225所示，让下层的素材更加模糊。这样一个模糊背景效果的竖屏视频就制作完成了，如图6-226所示。

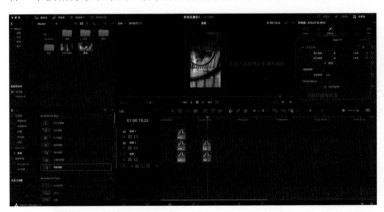

图6-225 放大下面一层素材并调节模糊程度　　图6-226 底版模糊竖屏画面

无论采用哪种方法将横版视频转为竖版视频，在"交付"页面中都要将导出的格式设置成竖版格式，如图6-227所示。

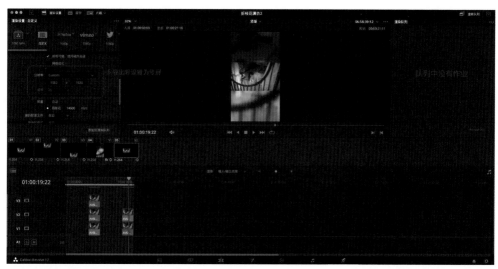

图6-227　竖版视频导出设置

视频防抖

拍摄的原始素材很多时候会有一些不足，画面抖动就是其中之一。除一些特殊题材，古风视频通常都追求平稳流畅的镜头效果。虽然如今相机的防抖功能越来越好，各种稳定器的技术也在不断发展，但是我们难免会碰到一些晃动和抖动的画面，此时可以在达芬奇中进行防抖处理。

进入"剪辑"页面，展开检查器面板的"稳定"选项栏，然后单击"稳定"按钮，软件会针对素材抖动情况自动进行防抖处理，如图6-228所示。

如果第一次防抖处理效果不好，可以在"Mode"列表框中选择不同的稳定模式，如图6-229所示。也可以在下面设置具体的参数，对稳定效果进行精细化调整。

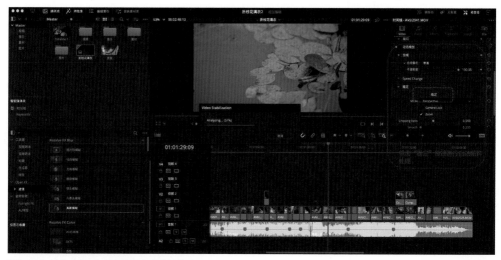

图6-228　单击"稳定"按钮进行自动防抖处理

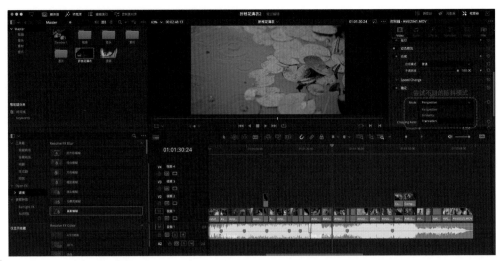

图6-229 尝试不同的防抖模式

　　注意，进行防抖处理会对原始画面进行一定程度的裁剪。如果不希望画面被裁剪，在前期拍摄时就要使用稳定器，或打开相机的防抖功能来提高素材的质量。

视频降噪

　　视频画面的噪点一般是由于前期拍摄时光线不足，相机感光度过高或者后期强行提高画面亮度产生的。噪点会影响画面观感，降低画面质量。达芬奇可以对画面进行降噪处理。

　　在古风短视频《木兰》中有一个花木兰夜间树下舞剑的镜头，因为拍摄时天色较暗，且灯具不足，所以原始素材曝光不足。进入达芬奇对素材进行后期调色提高亮度后，发现素材的暗部有很多噪点，如图6-230所示，因此必须对素材进行降噪处理。

　　进入"调色"页面，在工具栏中单击"运动特效"按钮，进入"运动特效"面板。一般情况下，只需要设置"时域降噪"参数，就能够消除画面中大部分噪点。这里我们将"帧数"设置为5，"运动估计类型"选择"更好"，"运动范围"选择"大"，然后提高下面的"时域阈值"数值，如图6-231所示，直到画面中的噪点被消除。

　　如果画面中还有很多噪点，也可以使用"空域降噪"来进一步消除，如图6-232所示，直到画面变得干净。降噪后画面效果如图6-233所示。

图6-230 原始画面中的噪点严重

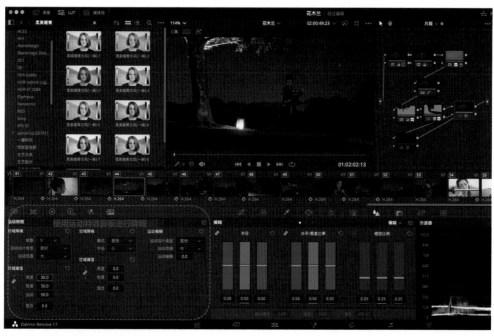

图6-231 使用"运动特效"面板进行降噪

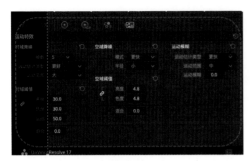

图6-232 调整"空域降噪"参数

图6-233 降噪后的画面

流畅剪辑：让后期工作更加高效

如果原始素材画质较好，比如是4K乃至8K的超高清画质，或者使用了H265编码格式来拍摄，在后期剪辑和调色时，经常产生的一个问题就是计算机卡顿、操作不流畅，非常影响剪辑效率。在达芬奇中，我们可以进行如下几种设置，来提升剪辑流畅度。

1. 使用"智能"模式

在"剪辑"页面中，在菜单栏中选择"播放"|"渲染缓存"|"智能"命令，如图6-234所示。这样达芬奇就可以针对已经编辑过的素材自动进行渲染，时间线上已经渲染完成的素材上方会出现一道蓝色线，如图6-235所示，此段素材播放时就不会再卡顿。

图6-234 选择"渲染缓存"|"智能"命令

图6-235 出现蓝色线表示自动渲染完成

2. 使用代理文件

在进行剪辑前，我们可以使用代理文件替代原素材进行剪辑，具体操作也非常简单，在媒体池中的素材片段上单击鼠标右键，在快捷菜单中选择"生成代理媒体"命令，如图6-236所示。

软件就会针对此段素材自动生成代理文件，如图6-237所示，运用代理文件进行剪辑就不容易卡顿。

图6-236 选择"生成代理媒体"命令

图6-237 自动生成代理文件

3. 降低预览画质

如果拍摄的原始素材画质较好，我们可以降低预览画面的画质。选择"播放"|"时间线代理模式"|"Half Resolution"命令，如图6-238所示，即将预览画面的画质降低为原画质的1/2，或者选择"Quarter Resolution"命令，将画质降为原画质的1/4。这样在监视器中预览素材时，就会播放低画面的画面，剪辑的流畅度也会随之提高。

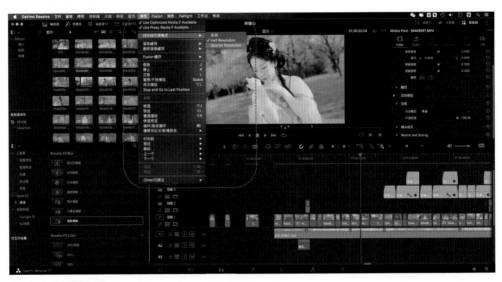

图6-238 降低预览画质

第 7 章

"十二花神"唯美古风视频创作实战

最初，看着平台上的各种唯美的古风视频，笔者难免技痒，也想加入其中，拍摄一些作品出来。虽然我一直从事短视频创作工作，但是古风这一类型对我来说却是陌生的。刚入门的我跟很多初学者一样，对服装、化妆、场景、道具这些都不熟悉，不知道从何下手……此时，朋友圈中的一位好友引起了我的注意，她经常发布一些身穿汉服的优美照片，是一位"专业"的汉服爱好者。于是，我向这位好友，也是我的同门师妹求助。经她介绍，我在南京的汉服摄影圈内认识了一些汉服妆娘、汉服摄影师和爱好者。

并且，我邀请她出演了我的第一部古风短视频「十二花神之莲花神」，如图7-1所示。因此，本章以我的第一个古风短视频系列「十二花神」为例，介绍古风视频创作的整个流程。

在此，对我的这位师妹表示诚挚的感谢。

图7-1 《十二花神之莲花神·西施》出镜：@ 一颗甜菜

7.1 "十二花神"前期策划

为什么选择"十二花神"这个题材

"十二花神"是我最早创作的一个系列古风短视频，之所以选择"十二花神"这个主题，当时主要有以下几点考量。

● 当时网络上的古风视频多以表现唯美的画面为主，而我希望除了画面以外，拍摄出具有明确人物设定和故事情节的古风短视频。而来自中国传统文化典故的"十二花神"，以花喻人，每个月的花神背后都藏着一段动人的故事，就非常合适。

● 我期望剧情不要太复杂。受短视频的时长限制，观众很难在短时间内理解和接受一个复杂的故事。"十二花神"这一系列的故事早有记载和传颂，观众对很多花神背后的人物和故事都耳熟能详，所以我只需要在已有历史典故的基础上稍加改编，就能够快速完成脚本的创作。这些本就为观众所熟知的人物和情节，也更容易被观众接受。

● 短视频时长虽短，但是我希望能够让观众看过不忘，引起观众的兴趣。并且将短视频打造成一个定期连载的"栏目"，更容易累积粉丝，抓住潜在观众。"十二花神"不仅每个月有一个花神，而且有多种版本，不仅有女花神，还有男花神，所以这个题材至少可以保证一年的创作内容的时效性和连贯性。

视频的表现形式

时值八月，荷风阵阵，绿水盈盈，于是我决定以"十二花神"中的莲花神西施作为创作的开篇。而真正到拍摄时，我才发现创作之难。首先，这是一出"独角戏"。因为只有师妹一人"友情出演"，所以没有其他角色可以帮助呈现对手戏。这样的独角戏只能依靠演员自己的动作、表情，乃至独白来完成情节叙述。好在西施的故事大家都耳熟能详，所以我最终决定以古风音乐视频的形式来表现西施的故事。

音乐是古风音乐视频的关键。恰巧此时，笔者在网络上发现了一张以"十二花神"为名的古风纯音乐专辑，如图7-2所示，其中的很多首音乐给予了我创作的灵感。比如专辑中的《莲》，清新明快、古典悠扬，节奏和段落变化明显，非常适合剧情向的音乐视频作品。于是，笔者决定用此音乐作为《莲花神·西施》的背景音乐。这种剧情向的音乐视频也奠定了"十二花神"系列古风视频后续的表现形式，虽然后面的视频中也加入了其他角色以及更多的剧情和对白，但是这种唯美、古典的剧情向音乐视频风格却是贯穿始终的。

图7-2 "十二花神"古风纯音乐专辑

策划拍摄脚本

确定了主题和人物后，接下来需要编写拍摄脚本。"十二花神"系列古风视频的脚本创作都是按照以下顺序进行的。

1. 进行人物调研，搜寻相关人物资料

每个短视频中确定3~5个重点场景，比如"西施浣纱"（莲花神·西施）、"昭君出塞"（山茶花神·王昭君）、"惊鸿舞"（梅花神·梅妃）、"公孙大娘舞剑"（石榴花神·公孙氏），如图7-3~图7-5所示。这些经典的场景可以说是人物的"名场面"，也是"十二花神"系列古风视频拍摄的重点。

图7-3 经典场景：昭君出塞

图7-4 经典场景：西施浣纱

图7-5 经典场景：惊鸿舞

2. 对场景进行挑选和细化, 安排主次先后顺序

有一些人物的"名场面"虽然经典, 但是考虑到实际拍摄的难度而不得不舍弃, 比如紫薇花神石崇的姬妾绿珠坠楼的一幕就很难拍摄。对于一些容易呈现, 并且能够凸显人物性格和情节矛盾的场景, 就需要重点呈现。我利用人物独白、画面旁白和不同角色之间的对白来交代情节, 重点刻画人物形象。比如, 在《玉簪花·李夫人》的开篇中, 我就通过李夫人与宫里嬷嬷的对白, 呈现出李夫人对"以色侍人"的看法, 表现出她清高淡漠的性格。在《花蕊夫人》的开场中, 我通过孟昶和花蕊夫人对于"亡国"后打算的讨论, 表现出花蕊夫人虽身在后宫但是心怀天下、愿以身殉国的志气, 如图7-6所示。

3. 脚本撰写

脚本撰写主要涉及一些拍摄场景的描写, 以及重点场景中人物对白或者独白的撰写等。尤其是人物对白部分, 需要细细打磨。因为短视频时长较短, 用几句台词快速交代更多的信息, 是台词撰写的重要目标。比如, 在《桂花神徐惠》的开场中, 就有图7-7所示的一段侍女和徐惠的对话。

图7-6 能表现人物性格和故事矛盾的场景需要重点呈现

图7-7 侍女和徐惠妃的对白

这段台词交代了以下几点信息。

● 徐惠深受皇帝宠爱, 皇帝不仅多加赏赐, 还心甘情愿等她一同赏花。

● 徐惠才情出众、出口成章, 一首《进太宗》表现出她的才华。

● 徐惠非常喜欢桂花, 皇帝不仅赏赐桂花糕, 还邀她一同去赏桂花, 引出徐惠和桂花的关系。

在这一分钟左右的片段里, 通过此段台词, 观众能够快速建立徐惠的形象。

古风视频中的台词撰写需要以下几点。

● 需要站在人物的立场上写台词, 遣词造句不能

图7-8 《花蕊夫人》拍摄脚本

太现代,要考虑到人物的时代背景、身份设定等。

● 在写台词时尽量详细标注出人物此时的动作、情绪,乃至表情、语气等信息。大部分时候我们找的演员都不是专业演员,所以需要尽可能多地提供信息来帮助演员表演。

● 台词不宜太长,也不宜太书面化。虽然古人的说话方式跟今人的有所区别,但是古人也并非说文言文,太书面化、太长的台词会影响观众对台词的理解。因此,台词要尽量简短,符合日常的说话习惯,方便观众理解。

至此,脚本大致成型,如图7-8所示。因为"十二花神"系列古风视频较短,剧情也不复杂,所以脚本的撰写相对比较容易,在格式上也没有限制,除了台词部分,其他的场景描写只要能让自己和团队的伙伴方便理解即可。

制定拍摄方案

脚本完成后,接下来我需要制定拍摄方案,其中主要涉及的内容有服装、化妆、道具、场景、拍摄安排等。

1. 造型设计

为了体现历史真实感,营造更多的古典氛围,"十二花神"系列的服装大部分采用了形制较为传统的汉服。在设计造型时,我采用的是如下的思路和方法。

根据脚本内容来确定服装和妆容的套数,在预算范围内,我的原则是让人物多换服装和妆容。在3~5分钟的古风音乐视频中,我一般为人物设计至少3套服装和妆容。丰富多变的造型不容易让观众产生审美疲劳,也是作品中的一大看点。

在设计造型时,我首先会去明确人物的时代背景和身份设定,然后再根据不同的场景和剧情搭配不同的服装和妆容。比如,在为《梅妃》设计造型时,由于梅妃是唐玄宗时期的人物,服装基本选择的都是唐朝女性最经典的齐胸襦裙+大袖衫,如图7-9和图7-10所示;梅妃虽然是后宫嫔妃,但是考虑到她清冷、恬淡、不争不抢的性格特征,在色彩上选择的都是白色、淡金色等浅色,又通过服装上精美的刺绣、花纹等元素来彰显她宫廷女子的高贵身份。

图7-9 梅妃造型设计1:白色齐胸襦裙

图7-10 梅妃造型设计2:淡金色齐胸襦裙

我同样根据人物性格为其设计了简约的发髻，并搭配与其服装颜色相适应的梅花元素头饰，复古的妆面和眉心的花钿也为其增添了一丝娇美神态，如图7-11所示。

图7-11 梅妃妆容设计：简约发髻+唐风花钿+梅花元素头饰

另外，我对梅妃的经典场景"惊鸿舞"的造型也进行了特别的设计。"惊鸿舞"是梅妃原创的舞蹈，在资料中多有记载，但是现在却无人真正观看看过。经过前期踩点，我将"惊鸿舞"的拍摄场地确定为水潭中的栈桥上，水潭边有几朵红梅熠熠生辉。经过考量，我选择了一款大红色绣金线的水袖舞蹈服，搭配红色梅花发簪和眼下的梅花花钿，最终完成了"惊鸿舞"场景的造型设计，如图7-12所示。

图7-12 梅妃造型设计3：红色惊鸿舞舞裙

另外，有一些人物的造型是有特定原型的，在设计时不能跑偏。比如只要提到"昭君出塞"这一经典情节，相信绝大部分观众的脑海里都会出现身披斗篷、怀抱琵琶的人物形象，如图7-13所示。

另外，在对人物造型进行设计时，我们也可以多与妆娘沟通。妆娘虽然只负责最终给模特化妆，但是造型是一个整体，妆娘对于妆容、发型等的设计，也会影响我们对服装的选择。比如，简约的发髻与清冷的淡色系服装是相配的，而华丽复杂的发髻与头饰也需要华丽精美的服装来相衬。

图7-13 王昭君的经典造型：身披斗篷、怀抱琵琶

2. 场景道具设计

在进行造型设计时,我通常也会同步进行场景和道具的设计。本书的第5章详细介绍了古风视频拍摄中常见的几种场景,比如中式古典园林、自然环境、影视城、古风摄影棚等。在为"十二花神"系列古风视频选择场景和道具时,我主要有以下几点考量。

● 场景尽量丰富,在预算范围内,尽量内景外景都有,在条件允许的情况下可以增加夜景或者特殊天气(比如雨天、雪天)的拍摄。多变的场景能够吸引观众的目光。

● 场景要与故事背景、人物、情节密切相关。以《梅妃》为例,因为梅妃是后宫妃嫔,首先要选择一处皇宫外景作为故事的主要拍摄地。在梅妃的"惊鸿舞"这一情节中,我期望选择一处具有舞台感的场景,可以让演员动作不受限制、自由发挥,同时最好能与梅花相结合。在室内场景中,主要呈现梅妃失宠写诗、断珍珠等情节,因此要选择一个符合"冷宫"气质的内景。经过这些考量,我最终选择南京的一处旅游景点"朝天宫"作为所有皇宫外景的拍摄取景地,如图7-14所示。在南京明孝陵景区中的梅花山下,我发现了一处水边栈桥,特别适合梅妃在上面跳舞,航拍镜头也验证了此场景与惊鸿舞惊人的契合度,如图7-15所示。最后,我租赁了一个古风摄影棚作为此次拍摄的内景,用白色纱帘等道具来营造场景的朦胧感、清冷感,如图7-16所示。

图7-14 皇宫外景取景地:南京朝天宫   图7-15 "惊鸿舞"外景取景地:南京明孝陵梅花山下

道具的选择要精准。从外观上，道具的色彩、形制等要与故事背景、人物造型、场景氛围等适配；在功能上，道具要精准传达信息，表现人物，推进叙事，帮助观众理解人物和故事。除了"惊鸿舞"，关于梅妃还有"一斛珠"的传说。传闻梅妃失宠后作《楼东赋》抒发心中郁闷，皇帝看到后内心愧疚，遂赏赐梅妃一斛珍珠加以抚慰。梅妃谢绝皇帝赏赐，心灰意冷。因此，珍珠成为我在拍摄时需要重点呈现的道具。关于这斛珍珠如何赏赐，如何被谢绝，史料中并无翔实记载。因此，为了表现梅妃心中的决绝和不甘，我将这一情节设计为皇帝赏赐的是一串珍珠项链，而梅妃用扯断珠链的方式来表现她的"回绝"。"朱弦断，明镜缺"，卓文君在《诀别书》中用这样的描写来表现对丈夫的诀别之心，此处梅妃断珠链的设计与其有异曲同工之妙，如图7-17所示。

图7-16 "冷宫"内景取景地：古风摄影棚

图7-17 "一斛珠"具象为梅妃扯断的皇帝赏赐的珍珠项链

以上准备工作基本完成后，我会开始做拍摄安排。我会打乱脚本里的镜头顺序，按照场景来制定拍摄顺序，这样做是为了降低换场景过程中的时间成本。比如，《梅妃》开场的剧情发生在皇宫的长廊上，接着转到梅妃在宫殿内写《楼东赋》，然后又切换到梅妃在御花园中赏梅……接着，梅妃一袭红衣出现在梅园中，惊鸿舞起……但是在实际拍摄中，我第一天选择在明孝陵梅花山下拍摄所有惊鸿舞的场景，然后第二天上午到古风摄影棚中拍摄所有室内场景，下午到朝天宫拍摄所有皇宫外景。这样，大概用了一天半的时间，我就完成了《梅妃》所有镜头的拍摄。而实际上，"十二花神"系列视频的拍摄都在1~2天完成，一些场景变化较少的可以在一天内完成所有镜头的拍摄。

拍摄器材

"十二花神"这个系列的拍摄大部分都是用索尼A7S Ⅱ完成（目前已经更新到A7S Ⅲ），当时采用这个相机的主要原因如下。前面讲到，古风视频舒缓唯美的节奏离不开慢动作镜头的加持。索尼A7S2能够拍摄超清100帧镜头和4K 50帧的高帧率镜头（后期可以放慢两倍）。"十二花神"系列除人物对话的镜头都采用50帧或者100帧的高帧率来拍摄，后期剪辑时放慢速度，就可以得到唯美的慢动作镜头。

在镜头的选择上，考虑到预算，我购置了适马35mm、F1.4和适马85mm、F1.4两支大光圈定焦镜头。我们知道，光圈越大，背景虚化能力越强，这两支大光圈镜头能够帮助我拍摄出梦幻、唯美、干净的背景虚化镜头，凸显出人物。其中，35mm镜头用来拍摄一些带有环境的大场景和人物对话镜头，如图7-18所示。

85mm镜头用来重点拍摄人物外貌、特写，如图7-19所示。当然，根据剧情需要，我也会使用其他镜头来完成拍摄，比如用14mm的超广角镜头来拍摄巍峨的宫殿建筑，强调人物和环境的大小关系，如图7-20所示；用70-200mm的超长焦镜头来拍摄人物和背景压缩的画面，如图7-21所示。

图7-18 35mm镜头多用于拍摄人与环境以及多人出镜的画面

图7-19 85mm镜头多用于拍摄背景干净的唯美人物画面以及特写画面

图7-20 14mm的超广角镜头来拍摄巍峨的宫殿建筑

图7-21 70-200mm超长焦镜头用来拍摄远景

　　虽然我很早就购置了稳定器，但在"十二花神"这一系列的拍摄中，我基本上没有使用稳定器拍摄运动镜头，而是大量使用了静态构图+少量手持呼吸感镜头来完成拍摄。因为我觉得安定平稳的画面更具有中国画的感觉，所以在拍摄时我尽量减少镜头运动，而较多关注单个画面的静态构图，让观众将注意力更多放在画面的内容中。我非常喜欢用景框构图来呈现环境中的人物，中国古典建筑中的花窗、月洞门等具有造型感的结构形成了天然的画框。在拍摄古风视频时利用这些结构进行景框构图，能够使画面形成如中国画般的古典之美，如图7-22所示。

图7-22 景框构图能使画面呈现出如中国画般的古典之美

　　另外，我也喜欢在拍摄中使用大量前景来构图。在大光圈镜头的帮助下，前景中的纱帘、花朵、竹叶等元素都会被虚化，能让画面中的人物显得更加柔美，增添了如梦似幻的气息，如图7-23所示。

图7-23 虚化的前景能增添朦胧唯美梦幻的气息

7.2 "十二花神"拍摄过程

"十二花神"系列基本上是由我和两位摄影助理完成所有镜头的拍摄工作的。在灯光配置上,我采用了轻量化的布光方式。在光线较为充足的外景和室内,我通常使用反光板来提高人物面部亮度,如图7-24所示。

在摄影棚内拍摄内景时,我会用太阳灯等大功率的灯具产生环境的底光,提高整个场景的亮度;然后用LED聚光灯提供人物主光,用反光板或者冰灯来修饰阴影;必要时,我也会使用口袋灯或灯笼等道具营造光影氛围,如图7-25和图7-26所示。

图7-24 使用反光板(白色泡沫板)对人物面部进行补光

图7-25 室内拍摄时用大功率LED灯提供主光并加以柔化

图7-26 使用灯笼营造光影氛围

在现场拍摄时，我需要担任摄影和导演双重职务，助理帮助我打光、布灯、放烟、吹风等。我会在拍摄前几天把脚本给演员，让演员熟悉台词和动作。同时我也会将妆娘、演员、摄影助理等所有参与拍摄的工作人员拉到相应的群里。大家在群内沟通造型、场景、道具、打光等拍摄细节，让每个人都能做到心中有数，不至于到实际拍摄时手忙脚乱。只要准备工作做得充分，拍摄时我们只需按照安排一条条镜头拍摄即可。当然，在拍摄过程中，我们可能会随时迸发出新的创意和灵感，比如发现了一个更好的构图，想到一句更加精妙的台词……那么，请抓住这个灵光一闪的时刻，享受独属于你自己的创作过程吧！

7.3 "十二花神"后期制作

拍摄完成后，接下来进入后期制作环节。"十二花神"系列古风短视频每一期的后期制作大概需要一周时间，这其中的工作主要包括素材的整理与准备、粗剪、配乐、精剪、调色美化、字幕特效包装、渲染导出、反馈修改等。

素材的整理与准备

首先，我会把后期要使用的素材进行分类整理，其中除了拍摄的视频素材，还包括在剪辑中要使用的素材，包括但不限于配乐素材、图片素材、字幕素材、粒子特效素材……在每一类素材文件夹中，可以对素材进行进一步的细分。比如，在视频素材文件夹中，我一般按照场景对拍摄的素材进行分类，方便在剪辑工作中查找，如图7-27所示。

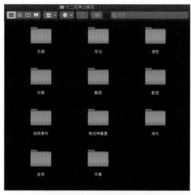 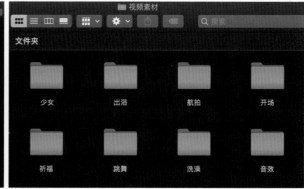

图7-27 《桃花神·戈小娥》素材整理

粗剪和配乐

素材整理完后,我将其导入软件正式开始后期制作工作。由于"十二花神"系列大多数在拍摄前已经写好了详细的脚本,剪辑时一般按照脚本顺序排列素材即可。因为"十二花神"系列是剧情向的古风音乐视频,所以音乐的选择是至关重要的。有时候我会遇到拍摄的素材与准备的音乐不太契合的情况,这时候我就需要为短视频重新挑选更加合适的音乐素材。

"十二花神"系列的音乐主要有古风歌曲,古风纯音乐,中国风流行歌曲,以及古装影视剧的主题曲、片头片尾曲等。只要和故事、主题契合的音乐都可以使用。需要注意的是,如果视频有商业推广、植入、营销等商业目的,我们就需要为视频所使用的版权素材付费,包括但不限于音乐、字体等。"十二花神"系列中剧情向的部分一般使用古风纯音乐,音乐视频部分一般使用的有歌词的古风歌曲。

同样以《梅妃》为例,整个视频全长3分39秒,前55秒为对白,如图7-28所示。56秒至1分18秒为音乐前奏+梅妃独白,如图7-29所示。1分19秒至片尾为音乐视频,如图7-30所示。因为古风视频的镜头节奏通常较为舒缓,所以我们需要在视频的结构段落上增加一些形式上的变化,这样观众在观看时才不容易疲劳。

图7-28 第一部分:对白

图7-29 第二部分:人物独白

图7-30 第三部分:音乐视频

精剪与调色

添加好音乐后,按照脚本顺序完成粗剪工作,接下来进行精剪与调色。在《梅妃》的调色中,因为原始素材是Rec·709色彩模式的,所以无须套用还原LUT,只需要简单校准曝光和色偏后,就可以进入二级调色。

我根据不同的场景与情节设计了不同的色彩风格。首先,梅妃在此故事中是失宠的嫔妃,故事基调是悲剧,所以大部分场景都应该是清冷的色调,如图7-31所示。全片中唯一的暖色调是梅妃写《楼东赋》时的独白场景。这时梅妃置身冷宫,但是看着瓶中的红梅盛开,心中对皇帝还抱有一丝希望,所以采用暖色调+柔光来表现人物此时的心情,如图7-32所示。

图7-31 大部分场景采用清冷的色调

图7-32 采用暖色调+柔光来表现人物内心还有一丝希望

　　到了片尾"惊鸿舞"的部分，昔日一舞惊鸿的荣宠已经湮灭，梅妃在水边再次起舞。后期调色时，我将水潭及周边的环境压暗，赋予水潭深蓝色调，调色前后对比如图7-33所示，并且提高了梅妃大红色舞服的饱和度，使人物与环境形成了非常强烈的对比，渲染出梅妃这个人物的悲剧色彩，如图7-34所示。

图7-33 调色前后：梅妃惊鸿舞　　　　　　　　图7-34 使用色彩的强烈对比来表现人物和故事的悲剧色彩

在古风视频的剪辑中，空镜可以用来营造氛围，也可以用来调节剪辑节奏。因为"十二花神"系列的主题是12个月的代表花，所以在拍摄和剪辑时，我都会特别留意增加与主题相符的花的空镜。在《梅妃》中，我使用了大量的梅花镜头来将梅妃与梅花进行关联，如图7-35所示。

图7-35 《梅妃》中使用了大量跟梅花相关的空镜

调色完成后，我会对画面中的人物进行磨皮等修饰，使演员呈现出最佳的状态。另外，我也需要对声音进行处理，主要包括配音与增加音效。《梅妃》的第一个场景中出现了3个角色：梅妃、惠妃与侍女。3个角色均需要用不同的音色、情绪状态来呈现，所以我找到专业的配音演员来完成配音工作。在完成粗剪后我会把视频发给配音演员，并将我对角色的设定、情绪要求等告知配音演员，以求达到最好的效果。

另外，音效也能够营造氛围，让观众更容易"入戏"。在梅妃出场的画面中，我在剪辑时增加了一段乌鸦的鸣叫声，营造出"冷宫"凄凉的氛围，如图7-36所示。在梅妃扯断珠链的场景中，我通过后期拟音的方式，强化了珍珠散落一地的撞击声，如图7-37所示，配合慢动作镜头，强化了画面冲击力。

图7-36 为梅妃出场时的画面增加乌鸦的鸣叫声

图7-37 通过拟音的方式为画面增加珍珠撞击地面的动作音

最后，我会对整个视频进行包装与完善，工作通常会涉及字幕的制作、片头片尾的设计、画幅的调整、特效的制作（按需进行）……力求使视频达到最完美的状态，如图7-38和图7-39所示。

图7-38 使用上下遮幅来营造"电影感"

图7-39 《梅妃》中的片头设计

在"十二花神"系列拍摄的早期，我使用Premiere软件来完成剪辑工作，然后将部分镜头导入达芬奇中完成调色和人物美化工作，如图7-40所示。后期我开始使用达芬奇来完成从剪辑到调色、人物美化等所有后期制作工作。目前，达芬奇已经成为我日常工作中最常使用的后期制作软件，其强大的功能帮助我创作出了更多精美的视频，极大提高了我的工作效率。

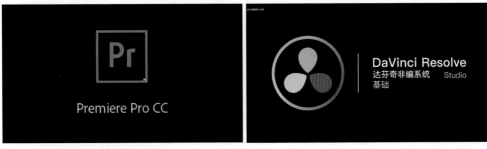

图7-40 本短视频使用的视频剪辑软件